Forschung und Praxis

Band 237

Berichte aus dem
Fraunhofer-Institut für Produktionstechnik und Automatisierung (IPA), Stuttgart,
Fraunhofer-Institut für Arbeitswirtschaft und Organisation (IAO), Stuttgart,
Institut für Industrielle Fertigung und Fabrikbetrieb der Universität Stuttgart und
Institut für Arbeitswissenschaft und Technologiemanagement, Universität Stuttgart

Herausgeber: H. J. Warnecke und H.-J. Bullinger

Springer

Berlin
Heidelberg
New York
Barcelona
Budapest
Hongkong
London
Mailand
Paris
Santa Clara
Singapur
Tokio

Martin Schmauder

Händigkeitsgerechte Gestaltung der Mensch-Maschine-Schnittstelle

Mit 44 Abbildungen und 9 Tabellen

Dr.-Ing. Martin Schmauder
Fraunhofer-Institut für Arbeitswirtschaft und Organisation (IAO), Stuttgart

Prof. Dr.-Ing. Dr. h. c. Dr.-Ing. E. h. H. J. Warnecke
o. Professor an der Universität Stuttgart
Fraunhofer-Institut für Produktionstechnik und Automatisierung (IPA), Stuttgart

Prof. Dr.-Ing. habil. Dr. h. c. H.-J. Bullinger
o. Professor an der Universität Stuttgart
Fraunhofer-Institut für Arbeitswirtschaft und Organisation (IAO), Stuttgart

D 93

ISBN-13: 978-3-540-61657-3 e-ISBN-13: 978-3-642-47844-4
DOI: 10.1007/978-3-642-47844-4

SPIN 10548694 62/3020-543210

Geleitwort der Herausgeber

Über den Erfolg und das Bestehen von Unternehmen in einer marktwirtschaftlichen Ordnung entscheidet letztendlich der Absatzmarkt. Das bedeutet, möglichst frühzeitig absatzmarktorientierte Anforderungen sowie deren Veränderungen zu erkennen und darauf zu reagieren.

Neue Technologien und Werkstoffe ermöglichen neue Produkte und eröffnen neue Märkte. Die neuen Produktions- und Informationstechnologien verwandeln signifikant und nachhaltig unsere industrielle Arbeitswelt. Politische und gesellschaftliche Veränderungen signalisieren und begleiten dabei einen Wertewandel, der auch in unseren Industriebetrieben deutlichen Niederschlag findet.

Die Aufgaben des Produktionsmanagements sind vielfältiger und anspruchsvoller geworden. Die Integration des europäischen Marktes, die Globalisierung vieler Industrien, die zunehmende Innovationsgeschwindigkeit, die Entwicklung zur Freizeitgesellschaft und die übergreifenden ökologischen und sozialen Probleme, zu deren Lösung die Wirtschaft ihren Beitrag leisten muß, erfordern von den Führungskräften erweiterte Perspektiven und Antworten, die über den Fokus traditionellen Produktionsmanagements deutlich hinausgehen.

Neue Formen der Arbeitsorganisation im indirekten und direkten Bereich sind heute schon feste Bestandteile innovativer Unternehmen. Die Entkopplung der Arbeitszeit von der Betriebszeit, integrierte Planungsansätze sowie der Aufbau dezentraler Strukturen sind nur einige der Konzepte, die die aktuellen Entwicklungsrichtungen kennzeichnen. Erfreulich ist der Trend, immer mehr den Menschen in den Mittelpunkt der Arbeitsgestaltung zu stellen - die traditionell eher technokratisch akzentuierten Ansätze weichen einer stärkeren Human- und Organisationsorientierung. Qualifizierungsprogramme, Training und andere Formen der Mitarbeiterentwicklung gewinnen als Differenzierungsmerkmal und als Zukunftsinvestition in *Human Recources* an strategischer Bedeutung.

Von wissenschaftlicher Seite muß dieses Bemühen durch die Entwicklung von Methoden und Vorgehensweisen zur systematischen Analyse und Verbesserung des Systems Produktionsbetrieb einschließlich der erforderlichen Dienstleistungsfunktionen unterstützt werden. Die Ingenieure sind hier gefordert, in enger Zusammenarbeit mit anderen Disziplinen, z.B. der Informatik, der Wirtschaftswissenschaften und der Arbeitswissenschaft, Lösungen zu erarbeiten, die den veränderten Randbedingungen Rechnung tragen.

Die von den Herausgebern geleiteten Institute, das

- Institut für Industrielle Fertigung und Fabrikbetrieb der Universität Stuttgart (IFF),

- Institut für Arbeitswissenschaft und Technologiemanagement (IAT)

- Fraunhofer-Institut für Produktionstechnik und Automatisierung (IPA),

- Fraunhofer-Institut für Arbeitswirtschaft und Organisation (IAO)

arbeiten in grundlegender und angewandter Forschung intensiv an den oben aufgezeigten Entwicklungen mit. Die Ausstattung der Labors und die Qualifikation der Mitarbeiter haben bereits in der Vergangenheit zu Forschungsergebnissen geführt, die für die Praxis von großem Wert waren. Zur Umsetzung gewonnener Erkenntnisse wird die Schriftenreihe "IPA-IAO - Forschung und Praxis" herausgegeben. Der vorliegende Band setzt diese Reihe fort. Eine Übersicht über bisher erschienene Titel wird am Schluß dieses Buches gegeben.

Dem Verfasser sei für die geleistete Arbeit gedankt, dem Springer-Verlag für die Aufnahme dieser Schriftenreihe in seine Angebotspalette und der Druckerei für saubere und zügige Ausführung. Möge das Buch von der Fachwelt gut aufgenommen werden.

H.J. Warnecke H.-J. Bullinger

Vorwort des Autors

Die vorliegende Arbeit entstand während meiner Tätigkeit als wissenschaftlicher Mitarbeiter am Institut für Arbeitswissenschaft und Technologiemanagement (IAT) der Universität Stuttgart. Sie basiert auf einem Forschungsvorhaben, das im Auftrag der Bundesanstalt für Arbeitsschutz durchgeführt wurde.

Herrn Prof. Dr.-Ing. habil. Prof. e. h. Dr. h. c. Hans-Jörg Bullinger, Leiter des Instituts für Arbeitswissenschaft und Technologiemanagement (IAT) der Universität Stuttgart und Leiter des Fraunhofer-Instituts für Arbeitswirtschaft und Organisation (IAO), Stuttgart, gilt für die wissenschaftliche Unterstützung und wohlwollende Förderung dieser Arbeit mein herzlicher Dank.

Herrn Prof. Dr.-Ing. Kurt Landau, Leiter des Instituts für Arbeitswissenschaft der Technischen Hochschule Darmstadt, danke ich für die Übernahme des Mitberichts, die eingehende Durchsicht der Arbeit und die sich daraus ergebenden konstruktiven Hinweise.

Meinen Kollegen am Institut, insbesondere Herrn Prof. Dr.-Ing. Peter Kern und Herrn Dipl.-Ing. Wilhelm Bauer, danke ich für die stete Diskussionsbereitschaft und die wertvollen Anregungen zum Thema. Für die Förderung der Arbeit danke ich auch Herrn REFA-Ing. Johannes Josef Solf und Prof. Dr.-Ing. Dieter Lorenz.

Mein Dank gilt auch meiner Frau Doris und meiner Tochter Pauline, die die Belastungen des Promotionsverfahrens mitgetragen haben. Schließlich danke ich auch noch meinen Eltern, die mir die Voraussetzungen zu meiner Arbeit geboten haben.

Stuttgart, im Juli 1996 Martin Schmauder

Inhaltsverzeichnis

0 Begriffe und Abkürzungen

A/D-Wandler	Analog/Digital-Wandler
Abduktion	Wegführen von der Mitte (Ruhelage)
Adduktion	Hinführen zu der Mitte (Ruhelage)
Akromion	Schulterhöhe/ -punkt
Allel	eine von mindestens zwei einander entsprechenden Erbanlagen, Erbfaktor
Alterskohorte	nach dem Alter ausgewählte Personengruppe
ambidex	beidhändig
ambilateral	beidseitig
anthropozentrisch	menschzentriert
antizipatorisch	vorwegnehmend
axiale Bewegung	Bewegung um die Körperachse
ballistische Bewegung	Bewegung, die nach dem Beginn nicht mehr kontrolliert/verändert werden kann
Bewegungsstereotypien	festgefügte Bewegungsmuster
bimodal	mit zwei Schwerpunkten
BL	Beidhandfeld links
BR	Beidhandfeld rechts
Corpus Callosum (Balken)	Faserverbindung zwischen den beiden Gehirnhälften
dichotom	zweigeteilt in gegensätzliche Begriffe
diskret	in Stufen/Intervalle getrennt
Dynamometrie	Kraftmessung
ERTS	Experimentelles Run Time System
F	multivariantes Signifikanzmaß
F_X	Kraft in der horizontalen Ebene in Richtung der X-Achse
F_Y	Kraft in der vertikalen Ebene in Richtung der Y-Achse
F_Z	Querkraft in Richtung der Z-Achse
Genese	Entstehung, Entwicklung
genotypisch	auf die Erbanlagen bezogen
HD	Horizontal-Druck
HH	Handkurbel-Horizontal
Hirnhemisphäre	Hirnhälfte
HQ	Handkurbel-Quer
HZ	Horizontal-Zug
Invariante Kopplungsbedingung	unveränderter Zugriff
ipsilateral	auf der gleichen Seite liegend
Kompatibilität	Sinnfälligkeit
Konkordanz	Übereinstimmung in bezug auf ein bestimmtes Merkmal
kontralateral	auf der Gegenseite liegend
L	Linkshandfeld, Zahl der linkshändig ausgeführten Aufgaben
Lateralisierung	Herausbildung einer Seitenbevorzugung
Lateralität	Seitigkeit

LH	Linkshänder, linkshändig
M–M–S	Mensch–Maschine–Schnittstelle
Multiplexer	Gerät zur gleichzeitigen Datenübertragung
MUSA	Meß- und Simulationseinrichtung zur Arbeitsgestaltung
n	Stichprobengröße
N_{re}	Anzahl der mit der rechten Hand ausgeführten Tätigkeiten
N_{li}	Anzahl der mit der linken Hand ausgeführten Tätigkeiten
N_b	Anzahl der mit beiden Händen ausgeführten Tätigkeiten
Ontogenese	Keimesentwicklung
p	statistische Prüfgröße
PC	Personal Computer
phänotypisch	das Erscheinungsbild betreffend
PI	Ponderalindex
Pillais-Wert	statistische Prüfgröße
PQ	Präferenzquotient
Preview	Vorausschau
Proximal	rumpfnah
Pyramidenbahn	Bündel von Nervenfasern, die vom Gehirn ins Rückenmark ziehen
R	Rechtshandfeld, Zahl der rechtshändig ausgeführten Aufgaben, Armreichweite
r	Korrelationskoeffizient
Re-Test Reliabilität	Wiederholgenauigkeit der Zuverlässigkeit
RH	Rechtshänder, Rechtshändig
RMS	Root Mean Square (Quadratischer Mittelwert)
s	Standardabweichung
S	statistische Sicherheit
Sensitivität	Empfindlichkeit, Verstärkungsfaktor
SI	Seitigkeits-Index
SPSSx	Statistical Package for the Social Sciences (Version x)
SH	Stellteil-Horizontal
ST	Stellteil-Translation
SV	Stellteil-Vertikal
u	Mittelwert
VD	Vertikal-Druck
VK	Variationskoeffizient
VZ	Vertikal-Zug
zerebral	das Gehirn betreffend
ZQ	Zylinder-Quer
ZV	Zylinder-Vertikal
α	Irrtumswahrscheinlichkeit, Höhenwinkel
β	Seitenwinkel

1 Einleitung

Linkshändige Menschen weckten bereits in der Vergangenheit das Interesse von Wissenschaftlern der unterschiedlichsten Disziplinen. Schon in der Antike diskutierten Platon und Aristoteles (zit. in LUDWIG 1932) über Links- und Rechtshändigkeit im Zusammenhang mit der Bedeutung von links und rechts. Diese Diskussion dauert bis in die Gegenwart an. Hier nimmt sie, wenn es um Gestaltungsaspekte von Arbeitssystemen geht, praktische Dimensionen an. Die menschengerechte Gestaltung von Arbeitsbedingungen, die die individuellen Fähigkeiten und Fertigkeiten des Menschen im Arbeitssystem in angemessener Weise berücksichtigt, ist eine herausfordernde Aufgabe. Mit einem interdisziplinären Ansatz will die Arbeitswissenschaft dazu Hilfen bereitstellen. Es hat sich bereits gezeigt, daß die Berücksichtigung arbeitswissenschaftlicher Erkenntnisse eine Verbesserung der Systemleistung des Mensch-Maschine-Systems, sowohl in wirtschaftlicher als auch in humaner Hinsicht, bewirken kann (BULLINGER 1981, BULLINGER 1984, BULLINGER 1994; CHAPANIS 1994).

In Beiträgen zur Situation linkshändiger Menschen in der Arbeitswelt (CHRISTIAENS u. a. 1963; BARSLEY 1970; PFANNENSTIEL 1984; WISO 1986; GRÄBER 1990; O. V. 1992) wird vielfach von einer Benachteiligung berichtet, da in der Gesellschaft eine Bevorzugung der rechten Seite vorherrscht. Dies erscheint nachvollziehbar, wenn die Vielzahl der nach rechts asymmetrischen Arbeitsmittel, wie z. B. Werkzeugmaschinen, Handmaschinen oder Montagearbeitsplätze betrachtet wird. Schlagzeilen wie: "Linkshänder – Gefährliches Pflaster" (O. V. 1989), "Linkshänder sterben früher" (HALPERN und COREN 1991), "Die Linke vergißt nie!" (ANDRÉ 1993), "Linkshänder leben gefährlicher" (O. V. 1993) oder "Wenn der Alltag mit links bewältigt wird" (KUPCZIK 1994) dokumentieren das gesellschaftliche Interesse an der Thematik. In einigen zaghaften Versuchen wurde bereits von verschiedenen Produktherstellern die Gruppe der linkshändigen Personen als potentielle Käufergruppe für Produktdiversifikationen erkannt (ADRIAN 1988; TILLMANN 1989; GARDENA 1993; LOGITECH 1993; MAKITA 1993). Daß zwei Versionen von asymmetrischen Produkten nur in wenigen Fällen eine optimale Lösung sind, wird daran deutlich, daß die Einsatzhand häufig durch die Arbeitssituation definiert wird und nicht durch die Händigkeit. Vorteile durch eine händigkeitsgerechte Arbeitsgestaltung ergeben sich bei allen Arten von Arbeitsaufgaben, von der Montage bis hin zu den Fertigungsverfahren.

Aufgrund der Benutzung von Geräten mit der ungeeigneten Hand kann eine erhöhte Unfallgefahr festgestellt werden (O. V. 1989). Eine vom Verfasser durchgeführte Befragung von Berufsschülern ergab, daß bis zu 30 % der Befragten innerhalb einer Berufsgruppe forderten, die Händigkeit solle bei der Berufswahl berücksichtigt werden. Weiterhin ergab sich in dieser Befragung, daß betriebliche Anpassungsmaßnahmen an die Bedürfnisse linkshändiger Arbeitnehmer oft nicht bekannt und selten vorhanden sind (SCHMAUDER und SOLF 1992a). Wie verschiedene Untersuchungen zeigen (PORAC und COREN 1981), muß mit einem Linkshänderanteil von 10 bis 15 % in unserer Gesellschaft gerechnet werden. Bedingt durch eine freiere, d. h. weniger rechtshändig orientierte Erziehung ist zu erwarten, daß dieser Anteil zunehmen wird. Es gilt also, die händigkeitsgerechte Arbeitsgestaltung zu fördern.

Bisher hat sich vor allem die Psychologie mit der Frage nach den Auswirkungen und Zusammenhängen, die Medizin mit der Frage nach den Ursachen und die Pädagogik mit den erziehungsrelevanten Fragen der Linkshändigkeit beschäftigt. Die Ergonomie als wesentliches Teilgebiet der Arbeitswissenschaft hat sich in der Vergangenheit dieser Problematik nur vereinzelt angenommen. Eine konkrete Verbesserung der Arbeitsbedingungen unter den beschriebenen Aspekten erfordert sowohl grundlegende arbeitswissenschaftliche Kenntnisse bezüglich der Unterschiede und Gemeinsamkeiten von Links- und Rechtshändern als auch praktische Gestaltungshinweise. Dazu will diese Arbeit einen Beitrag leisten.

2 Aufgabenstellung

Im nachfolgenden Abschnitt werden zunächst die Ziele der vorliegenden Arbeit beschrieben. Daran anschließend wird die dieser Arbeit zugrundeliegende Vorgehensweise aufgezeigt.

2.1 Ziele der Arbeit

Der derzeitige Kenntnisstand zur Gestaltung von Mensch-Maschine-Schnittstellen unter dem Gesichtspunkt der Händigkeit hat nicht den für eine aus ergonomischer Sicht vorbildliche Gestaltungsarbeit notwendigen Detaillierungsgrad. Insbesondere evtl. vorhandene Unterschiede bezüglich der maximalen Stellungskräfte des menschlichen Hand-Arm-Systems wurden noch nicht untersucht. Auch Hinweise zur Anordnung von Stellteilen für feinmotorische Regelaufgaben unter Berücksichtigung der Händigkeit sind nicht bekannt. Weiterhin ist bislang noch kein Werk vorhanden, das in systematischer Form Hilfestellungen zur händigkeitsgerechten Gestaltung von Mensch-Maschine-Schnittstellen gibt.

Aus diesen Defiziten, die nach der Beschreibung des aktuellen Forschungsstandes zur Händigkeit in Arbeitssystemen in Kapitel 3 deutlich werden, ergeben sich für diese Arbeit zwei Ziele:

1. Die Ermittlung von arbeitswissenschaftlichen Regeln und Empfehlungen
   - zu maximalen Stellungskräften des Hand-Arm-Systems unter Berücksichtigung der Händigkeit und
   - zur Anordnung von Stellteilen für kontinuierliche, feinmotorische Stellaufgaben unter Berücksichtigung der Händigkeit.
2. Die Ausarbeitung eines Ablaufschemas zur konzeptiven und korrektiven Gestaltung der Mensch-Maschine-Schnittstelle unter Berücksichtigung der Händigkeit.

Die gewonnenen Erkenntnisse sollen dazu beitragen, durch eine händigkeitsgerechte Technikgestaltung die Systemleistung des Mensch-Maschine-Systems zu verbessern. Es soll eine Beanspruchungsreduzierung, sowie eine Verbesserung der Arbeitssicherheit und Arbeitszufriedenheit möglich sein.

2.2 Bearbeitungsschritte

Zur Bearbeitung der formulierten Aufgabenstellung wurde gemäß des in Bild 1 gezeigten Ablaufs gearbeitet.

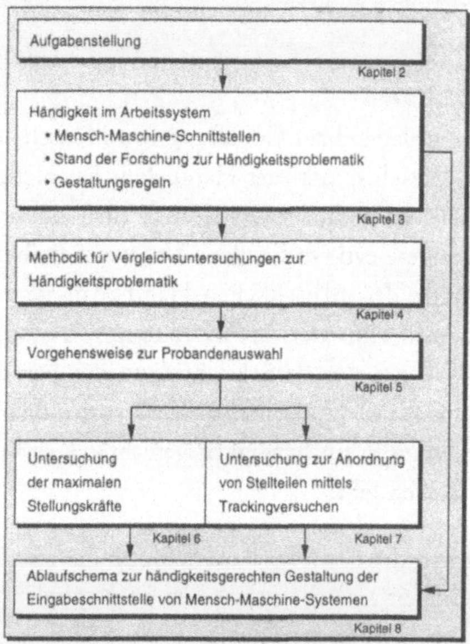

Bild 1 **Vorgehensweise bei der Bearbeitung der Aufgabenstellung**

Ausgehend von der Präzisierung der Aufgabenstellung in Kapitel 2 wird in Kapitel 3 der Stand der Forschung zur Händigkeit im Arbeitssystem beschrieben. Neben den Aspekten zur Gestaltung der Mensch-Maschine-Schnittstelle werden hier auch die über eine rein technikorientierte Betrachtung der Händigkeit hinausgehenden Forschungsergebnisse beschrieben. Dieses ist zum Verständnis der Händigkeitsproblematik und der in Kapitel 5 vorgestellten Vorgehensweise zur Probandenauswahl für Vergleichsuntersuchungen notwendig. Kapitel 4 beschreibt die Methodik für Vergleichsuntersuchungen zur Händigkeitsproblematik. Kapitel 6 und 7 dokumentieren die durchgeführten experimentellen Untersuchungen und Kapitel 8 gibt dem Konstrukteur und Arbeitsgestalter in Form eines Ablaufschemas Hinweise zur Berücksichtigung der Händigkeit bei der Gestaltung der Eingabeschnittstelle von Mensch-Maschine-Systemen.

3 Händigkeit im Arbeitssystem

In diesem Kapitel wird nach der Erläuterung von Begriffen der für diese Arbeit relevante allgemeine Stand der Forschung zur Gestaltung der Mensch-Maschine-Schnittstelle aufgezeigt. Daran anschließend werden die Forschungsergebnisse unterschiedlichster Disziplinen bezüglich der Händigkeit analysiert und beschrieben, die zur Bearbeitung der Aufgabenstellung notwendig sind.

3.1 Begriffsklärung und Definitionen

Rechts–Links

Die Zuweisung von rechts und links im Raum geht in letzter Konsequenz von einer subjektiven, individuellen Sicht aus (WACHTEL und JENDRUSCH 1990). So wird es z. B. beim Fehlen von asymmetrischen Körpern oder vereinbarten Bewegungsrichtungen unmöglich, rechts und links zu erklären. Es gilt deshalb nachfolgend die für Wirbeltiere gültige anatomische Festlegung, daß die zu betrachtende Körperseite stets vom körperbezogenen Bezugssystem aus in Richtung der Sehachse festgelegt wird. Die Definition von ›rechts‹ für die Kreisbewegung entspricht der Uhrzeigerbewegung in der Draufsicht auf das Ziffernblatt. Daraus ergibt sich auch die Definition für die Rechtsgängigkeit einer Schraubenbewegung in Achsrichtung.

Händigkeit, Handperformanz und Handpräferenz

Bezüglich der Klassifikation der Bevölkerung in links- und rechtshändige Personengruppen gibt es zwei gegensätzliche Ansätze. Zum einen wird versucht, die Händigkeit nach Leistungsgesichtspunkten (Handperformanz) des Hand-Arm-Systems zu klassifizieren, zum anderen wird erfaßt, mit welcher Hand einhändige Tätigkeiten ausgeführt werden (Handpräferenz) (vgl. Abschnitt 3.3.8 und Kapitel 5). Die Einteilung in Händigkeitsgruppen geschieht dabei entweder zweigeteilt in eine Links- und in eine Rechtshändergruppe oder in mehrere Subgruppen von extrem links über ambidex (beidhändig) bis zu extrem rechts. Zwischen der Handpräferenz (der Bevorzugung einer Hand) und der Handperformanz (der Leistungsüberlegenheit einer Hand) besteht, wie später noch näher erläutert wird, eine relativ geringe Korrelation. Es kann deshalb aufgrund von Leistungsmessungen nicht auf die Bevorzugung einer Hand bei einhändig auszuführenden Tätigkeiten geschlossen werden (PORAC und COREN 1981; SCHMAUDER und SOLF 1992a).

Ergonomische Arbeitsgestaltung

Die ergonomische Arbeitsgestaltung untersucht und gestaltet die Wechselwirkungen zwischen Mensch und Arbeitsobjekt. Ziel ist es, für den Menschen eine ausgewogene Beanspruchung (weder Über- noch Unterforderung) zu erreichen, indem seine spezifisch menschlichen Eigenschaften, Bedürfnisse, Fähigkeiten und Fertigkeiten berücksichtigt werden. Es gilt, gesundheitliche Schädigungen zu vermeiden und einen möglichst hohen wirtschaftlichen Nutzen des Arbeitssystems zu sichern. Dies erfolgt primär durch die Anpassung von Arbeitsaufgabe, -mittel, -umgebung und -organisation an den Menschen, wobei spezifische Analyse- und Gestaltungsmethoden eingesetzt werden (BULLINGER 1993).

Die Begriffe Arbeit und Leistung in der Arbeitswissenschaft

Der Arbeitsbegriff der Arbeitswissenschaft geht über den physikalischen Begriff der Arbeit hinaus (BOKRANZ und LANDAU 1991). In der Physik wird unter ›Arbeit‹ das Überwinden eines Widerstandes über einen Weg (›Kraft mal Weg‹) verstanden. Der Begriff ›Leistung‹ ist als ›Arbeit je Zeiteinheit‹ definiert. Der physikalische Arbeits- und Leistungsbegriff umfaßt nur eine Komponente menschlicher Arbeit – das Kraftverhalten bei gewissen Arbeitsaufgaben – und kann deshalb für die Arbeitswissenschaft nicht allgemeingültig verwendet werden. Arbeit im physiologischen Sinne kann als Prozeß des Umsetzens von Energie und des Verarbeitens von Informationen bei einer Tätigkeit verstanden werden. HOYOS (1974) definiert Arbeit als »eine Aktivität oder Tätigkeit, die im Rahmen bestimmter Aufgaben entfaltet wird und zu einem materiellen und/oder immateriellen Arbeitsergebnis führt, das in einem Normensystem bewertet werden kann; sie erfolgt durch den Einsatz der körperlichen, geistigen und seelischen Kräfte des Menschen und dient der Befriedigung seiner Bedürfnisse«. Es wird deutlich, daß wenn in der Arbeitswissenschaft von ›Arbeit‹ und ›Leistung‹ gesprochen wird, diese Begriffe ganzheitlich und nicht nur im streng physikalischen Sinn zu verstehen sind (vgl. LEHMANN, 1983). Im Prozeß der Leistungserbringung durch Menschen spielen die personenbezogenen Faktoren ›Leistungsfähigkeit‹ und ›Leistungsbereitschaft‹ eine maßgebliche Rolle.

Menschliche Leistungsfähigkeit und Leistungsbereitschaft

Als ›menschliche Leistungsfähigkeit‹ werden die individuellen Eigenschaften des Menschen bezeichnet, die für einen effizienten Vollzug von Arbeitsprozessen relevant sind (BOKRANZ und LANDAU 1991). Die individuellen Ressourcen, d. h. die Leistungskapazität der Organsysteme und die psychische Leistungspotenz, beschreiben in ihrer Summe die Leistungsfähigkeit. Hierbei muß beachtet werden, daß die Verteilung der individuellen Ressourcen (z. B. die Handleistungsfähigkeit) im menschlichen Körper nicht bei allen Personen gleich ist.

Die Leistungsbereitschaft wird in eine physische und eine psychische Komponente gegliedert, die sich gegenseitig beeinflussen. Die physische Leistungsbereitschaft ist als ›Ausmaß an biologischer Aktivität‹ definiert. Die psychische Leistungsbereitschaft kann auch als ›Wille zum Handeln‹ bezeichnet werden. Die unter dem Oberbegriff ›personenbezogene Faktoren‹ subsummierten Begriffe Leistungsfähigkeit und -bereitschaft sind nicht konstant. Sie unterliegen kurzfristigen (z. B. Ermüdung, Motivation) und langfristigen (z. B. Alter, Trainiertheit) Einflüssen. Im nachfolgend beschriebenen Belastungs-Beanspruchungs-Modell ist die Händigkeit als personenbezogener Faktor zu berücksichtigen.

Belastung und Beanspruchung

Die Belastungs-Beanspruchungs-Problematik ist ein zentrales Thema der Arbeitswissenschaft, dem im Belastungs-Beanspruchungs-Modell (vgl. ROHMERT in LEHMANN, 1983) eine Erklärungsgrundlage zur Verfügung gestellt wird. Das Modell dient dem Verständnis von Zusammenhängen zwischen den aus den arbeitsplatzbezogenen Faktoren resultierenden Belastungen und den sich daraus im arbeitenden Menschen ergebenden Wirkungen, die als Beanspruchungen bezeichnet werden. Die Verknüpfung zwischen Belastung und Beanspruchung erfolgt durch die personenbezogenen Faktoren (Leistungsfähigkeit, Leistungsbereitschaft) des arbeitenden Menschen.

Beanspruchungen können nicht nur physischer, sondern auch psychischer Art sein. »Ziel der Bemühungen in der Arbeitswissenschaft ist es, im Sinne einer ganzheitlichen Betrachtungsweise, alle Teilbeanspruchungen als Teilaspekte eine Gesamtbeanspruchung theoretisch zu fassen« (KIRCHNER 1986). Pragmatisches Ziel ist es, die arbeitsbedingten Belastungen so zu gestalten, daß daraus insgesamt eine ausgewogene Beanspruchung der Arbeitsperson resultiert.

Unter physischer Beanspruchung versteht man den Einsatz von Organen, Organsystemen bzw. des gesamten Organismus, in allen Fällen aber eine körperliche Inanspruchnahme (KIRCHNER 1986). Nach UDRIS (1982) versteht man unter psychischer Beanspruchung die Inanspruchnahme psychischer Voraussetzungen im Prozeß des Arbeitsvollzuges. In diesen Prozeß gehen dabei aktuelle und überdauernde, wissens- und könnensmäßige, motivationale, körperliche und geistige Voraussetzungen ein.

Die Händigkeit ist den personenbezogenen Faktoren zugeordnet. Bedingt durch die später beschriebenen – und nicht immer eindeutig zuzuordnenden – Auswirkungen der Händigkeit einer Arbeitsperson, muß davon ausgegangen werden, daß sie sowohl eine Beziehung zur psychischen als auch zur physischen Beanspruchung haben kann.

Handlungs- und Verhaltensregelkreise

Nach HACKER (1986) bilden Handlungen die kleinste geschlossene Einheit der Tätigkeit und stellen daher die kleinste psychologisch relevante Einheit einer willensmäßig gesteuerten Tätigkeit dar. Da die Händigkeit, wie später noch beschrieben wird, zwar weitgehend ungeklärte Ursachen hat, sich aber die Auswirkungen sowohl auf die motorische als auch auf die emotionale Ebene beziehen, muß ein Einfluß auf das menschliche Handeln – und in der Folge davon auf das menschliche Verhalten – vorausgesetzt werden. Bei der Ausführung einer Tätigkeit treffen objektive Anforderungen aus Arbeitsauftrag und Arbeitsbedingungen auf die individuellen Leistungsvoraussetzungen des Menschen, woraus sich der Schwierigkeitsgrad einer Tätigkeit sowie die Beanspruchung als Ausmaß der Inanspruchnahme individueller Leistungsvoraussetzungen ergibt. Die Beanspruchungsfolgen können eine Selbstveränderung (negativ: Beeinträchtigung; positiv: Persönlichkeitsentwicklung) zur Folge haben. Deshalb müssen die individuellen Leistungsvoraussetzungen, also auch die Händigkeit, bei der Gestaltung von Arbeit berücksichtigt werden.

Arbeitsmittel

›Arbeitsmittel‹ sind nach DIN 33 400 alle technischen Systemkomponenten eines Arbeitssystems, wie z. B. Anlagen, Vorrichtungen, Maschinen, Werkzeuge, Betriebs- und Hilfsstoffe. Arbeitsmittel werden nicht nur im Beruf, sondern auch im Heim- und Freizeitbereich verwendet.

Mensch-Maschine-System

Industrielle Arbeit ist u. a. dadurch gekennzeichnet, daß Menschen und Maschinen zusammenwirken. Der Begriff ›Maschine‹ wird dabei als allgemeiner Oberbegriff für technische Systeme aller Art verwendet. Durch das Zusammenwirken von Mensch und Maschine soll vom Arbeitssystem ein Arbeitsergebnis bestmöglichst erreicht werden. Durch eine der menschlichen Leistungsfähigkeit angepaßte Systemgestaltung kann nach JOHANNSEN (1993) die gesamte Systemleistungsfähigkeit verbessert werden.

Mensch-Maschine-Schnittstelle

Unter dem Begriff ›Mensch-Maschine-Schnittstelle‹ werden alle Komponenten eines Arbeitssystems zur funktionellen Interaktion zwischen dem Menschen und einem technischen System verstanden. Vom Menschen zu überwachende und zu steuernde Prozesse erzeugen eine Vielzahl von Informationen (z. B. Betriebszustände). Diese Informationen werden vom Menschen unmittelbar oder aber mittelbar über seine Rezeptoren aufgenommen, im Gehirn verarbeitet und ggf. in Form von Handlungen über Stellteile an den Prozeß zurückgeführt.

Stellteile

›Stellteile‹ sind die Schnittstellen im Mensch-Maschine-System, über die der Mensch motorische Informationen an das Maschine-System überträgt. Nach DIN 33 401 sind Stellteile "Elemente, die durch menschliche Kraft bewegt, eine Veränderung des Informations-, Energie- und/oder Stoffflusses bzw. einer Position bewirken. Sie können auch der Lageeinstellung von Bauteilen dienen".

Nach MUNTZINGER (1986) werden Stellteile anhand der mit ihnen auszuführenden Tätigkeiten klassifiziert. Stellteile für grobmotorische Tätigkeiten dienen in erster Linie der Krafteinleitung in ein technisches System. Stellteile für feinmotorische Tätigkeiten eignen sich für Steuer- und Regelaufgaben.

Systemergonomie

In der Systemergonomie wird versucht, für die Einbindung eines oder mehrerer Menschen in ein komplexes Mensch-Maschine-System ein prinzipielles Strukturmodell zu erarbeiten und aus diesem Anregungen für eventuelle Systemverbesserungen zu erhalten. Das Strukturmodell wird dabei mit Hilfe regelungstechnischer Ansätze (Regelkreise, Rückkopplung, Störglieder) dargestellt (SCHMIDTKE 1993). Bild 2 zeigt die prinzipiellen Zusammenhänge.

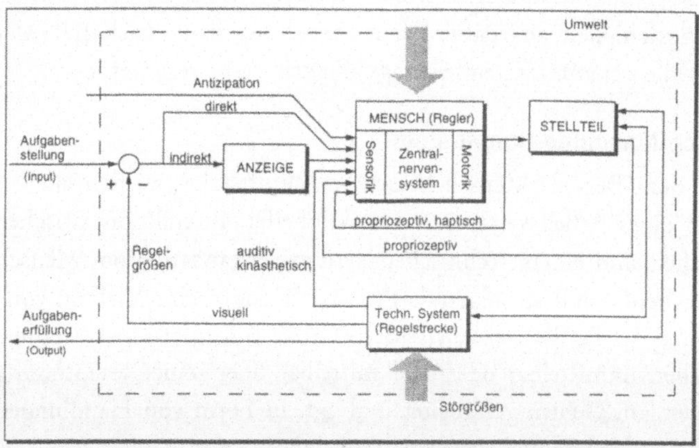

Bild 2 **Einbindung des Menschen als Regler innerhalb des Mensch-Maschine-Systems am Beispiel der Strukturkomponenten und Wirkungsverknüpfungen eines Arbeitssystems** (nach MUNTZINGER 1986)

In der vorliegenden Arbeit werden die Erkenntnisse der Systemergonomie insofern benutzt, als der Mensch als Regler in einem Regelkreis im Mensch-Maschine-System gesehen wird. Die Systemergonomie wird zur Modellbildung eingesetzt. Es ist nicht das Ziel dieser Arbeit, mit regelungstechnischen Formeln die Handlungen des Menschen zu beschreiben.

Körperkräfte

Obwohl schon seit vielen Jahren Körperkräfte des Menschen gemessen werden (DIN 33 411), sind auf diesem Gebiet bis heute hinsichtlich Begriffsdefinition und Vorgehensweise Unklarheiten zu verzeichnen. Der umgangssprachliche Begriff ›Maximalkraft‹ ist nicht präzise genug, er sollte besser durch ›maximale Stellungskraft‹ ersetzt werden. Die maximale Stellungskraft ist "diejenige außerhalb des Körpers meßbare statische Reaktionskraft, die bei willentlich größter Anstrengung als Folge einer intensiven Kontraktion der beteiligten Muskelgruppen lediglich zwei bis sechs Sekunden ausgeübt werden kann und bei definierter Körper- und Gliedmaßenstellung in einer bestimmten Richtung und in einem räumlich relativ zum Körper definierten Kraftangriffspunkt bei genügender Gegenkraft vom Körper nach außen auf ein bestimmtes Bedienteil übertragen werden kann" (ROHMERT in SCHMIDTKE 1993).

Es handelt sich bei der ›maximalen Stellungskraft‹ also um eine ›Aktionskraft‹, die MAINZER (1982) so definiert:

"Die Aktionskraft ist eine Körperkraft, die nach außen vom Körper aus wirkt. Sie ergibt sich aus der Wirkung der Massenkraft (z. B. Gewichtskraft oder Beschleunigungskraft) und/oder der Muskelkraft und dient der Durchführung einer mechanischen Arbeitstätigkeit."

3.2 Arbeitsmittelgestaltung

Bedingt durch die Aufgabenstellung wird hier nicht auf die allgemeinen Grundlagen der Arbeitsmittelgestaltung, sondern speziell auf das Umfeld der Gestaltung von Stellteilen eingegangen, da üblicherweise die menschbezogene Eingabe-Schnittstelle im Mensch-Maschine-System durch Stellteile realisiert wird. Anzeige-Systeme zur Informationsausgabe werden in dieser Arbeit nicht betrachtet, da sie überwiegend das visuelle System des Menschen ansprechen und somit nicht von der Händigkeit beeinflußt werden. Durch diese Fokussierung auf Stellteile tritt auch der bei der Gestaltung von frei geführten Arbeitsmitteln zu berücksichtigende Aspekt der Ein- /bzw. Beidhandtätigkeit in den Hintergrund.

Die Gestaltung der Stellteile, ihre Anordnung und die Stellaufgabe haben einen wesentlichen Einfluß auf die Belastung des Menschen und auf das Arbeitsergebnis. Ziel der ergonomischen Gestaltung muß es daher sein, einen hohen Erfüllungsgrad der Stellaufgabe bei einer ausgewogenen Beanspruchung der Arbeitsperson zu realisieren.

Auch im Hinblick auf sicherheitstechnische Anforderungen (Stellgeschwindigkeit, Stellsicherheit) ist der Gestaltung der Mensch-Maschine-Schnittstelle große Bedeutung zuzumessen. Diese nimmt mit der Häufigkeit der Betätigungen sowie bei Stellaufgaben mit hohen feinmotorischen Anforderungen zu. Gerade bei dem derzeitigen hohen Technisierungsgrad wird die traditionelle Arbeit immer mehr durch Steuer- und Regelaufgaben ergänzt. Diese Art der Arbeit erfolgt über die oben beschriebenen Mensch-Maschine-Schnittstellen. Nach JOHANNSEN (1993) verschiebt sich durch höhere Automatisierung lediglich die Schnittstelle zum Menschen. Allgemeine Regeln und Hinweise zur Gestaltung liegen bereits vor (DIN 33 400; DIN 33 401; DIN 43 602; KROEMER 1967; SCHMIDTKE und RÜHMANN 1980; NEUDÖRFER 1981; EG 1984; BANDERA u. a. 1986; MUNTZINGER 1986; GARONZIK 1989; AE 1990).

3.3 Grundlagen zur Händigkeit

Wie in der Einleitung angesprochen, war und ist die Seitigkeit – und somit auch die Händigkeit – Gegenstand vielfältiger Forschungsaktivitäten von der Philosophie über die Medizin bis hin zu Pädagogik und Psychologie. Dementsprechend breit und vielfältig sind die Untersuchungen und Erkenntnisse in Zusammenhang mit der Händigkeit. Betrachtet man allerdings die Quellen aus ingenieurwissenschaftlicher Sicht, so fällt auf, daß die Forschungsschwerpunkte auf Untersuchungen zu den Auswirkungen und Ursachen der Händigkeit liegen. Ergebnisse zu konkreten Hinweisen zur Gestaltung der Technik sind nur unzureichend vorhanden.

In den nachfolgenden Abschnitten werden die für ein arbeitswissenschaftliches Verständnis der Händigkeitsproblematik notwendigen Literaturquellen analysiert. Die Ergebnisse werden beschrieben und im Hinblick auf die Ziele dieser Arbeit kommentiert.

3.3.1 Händigkeitsverteilung in der Bevölkerung

Die ältesten Hinweise auf die Linkshändigkeit führen in die letzte Eiszeit zurück, da nach RUST (1965) die archäologischen Werkzeugfunde aus dieser Zeit zu der Vermutung Anlaß geben, daß ca. 40 % der damaligen Menschen ihre Werkzeuge mit der linken Hand benutzt haben. Weiterhin geben anatomische Asymmetrien an 30 000 Jahre alten Neandertaler-Überresten Hinweise auf das Vorhandensein von linkshändigen Personen in der damaligen Zeit. Die wohl am häufigsten zitierte historische Quelle bezüglich der Linkshändigkeit ist das alttestamentarische Buch der Richter.

Hier wird vom Stamm Benjamin berichtet, aus dem 700 Männer von insgesamt 26 700 Stammesangehörigen eine Waffe mit der linken Hand führen konnten. In der Antike setzten sich Platon und sein Schüler Aristoteles mit der Linkshändigkeit und deren Ursachen in gegensätzlicher Weise auseinander. Platon erklärte die Handdifferenzen als Folge des unterschiedlichen Gebrauchs, Aristoteles sah die rechte Hand als die von Geburt an präferierte (zit. in LUDWIG 1932). Eine unterschiedliche Wertigkeit der linken und rechten Seite in der Antike beschreibt auch SATTLER (1983). Selbst in unserer Sprache haben die Worte ›links‹ und ›rechts‹ eine über die reine Richtungs- bzw. Seiteninformation hinausgehende Bedeutung.

Eine umfangreiche kunsthistorische Studie, durchgeführt von PORAC und COREN (1981), ergab einen bemerkenswert konstanten Linkshänderanteil von 8–10 % in der Bevölkerung. Dabei wurden 1 180 Kunstwerke aus 5 Jahrtausenden unter der Annahme analysiert, daß Porträtisten und Künstler ein unverfälschtes Abbild ihrer Zeit hinterließen.

Problematik der Kennzahlen zur Händigkeit

Die Angabe eines einzigen prozentualen Kennwertes ist angesichts der unterschiedlichen Klassifikationskriterien der Händigkeit und der Verschiedenheit der erhobenen Stichproben nicht möglich. Die Prozentzahlen fallen unterschiedlich aus, je nachdem, ob man die Bevorzugung einer bestimmten Hand beim Ausführen einer Tätigkeit (Handpräferenz) oder die tatsächliche Leistungsüberlegenheit einer der beiden Hände (Handperformanz) als Indikator der Händigkeit benutzt.

Die Handpräferenz ist die Bevorzugung einer Hand gegenüber der anderen bei einhändig auszuführenden Aktionen, die nicht kulturell beeinflußt sind (z. B. rechte Hand als Grußhand, linke als ›Toilettenhand‹, aber auch anerzogene Tätigkeitsmuster). Über die Verteilung der Handpräferenz, deren Verlauf einem ›J‹ ähnlich ist, wird in zahlreichen Literaturstellen (OLDFIELD 1969; PORAC und COREN 1981; ANNETT 1985; CHAPMAN und CHAPMAN 1987; TAN 1988) berichtet. Im Bild 3 ist der prinzipielle Kurvenverlauf dieser Verteilungsform dargestellt. Aus ihm ist ersichtlich, daß es wenige stark lateralisierte linkshändige und viele stark lateralisierte rechtshändige Personen gibt.

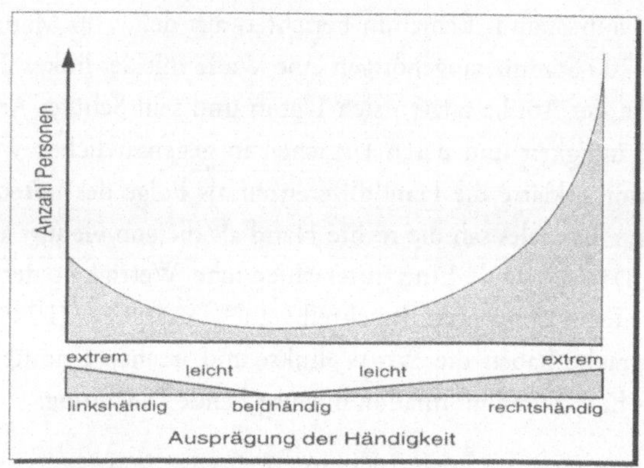

Bild 3 **Qualitative Häufigkeitsverteilung der Ausprägung der Händigkeit aller Personen der Bevölkerung mit der Handpräferenz (Handbevorzugung) als Differenzierungskriterium; (›J-Kurve‹ der Handpräferenz)**

Die zu dieser Verteilungsform gehörenden Prozentwerte sind, wie in der folgenden Tabelle dargestellt, sehr unterschiedlich. Je nach Art und Weise der Erhebung, Ort und Zeitpunkt der Untersuchung, Geschlecht der Probanden usw. ergeben sich sehr unterschiedliche Ergebnisse bezüglich des Anteils linkshändiger Personen (LH) innerhalb der Gesamtbevölkerung.

Tabelle 1 **Dichotomer Linkshänderanteil der Bevölkerung**

Anteil LH	Jahr	Land	Quelle
30 %	1924	USA	PARSONS zit. in PORAC und COREN (1981)
30 %	1927	USA	WOO u. PEARSON zit. in PORAC u. COREN (1981)
4-5 %	1932	D	LUDWIG (1932)
5-9 %	1964	USA	HACAEN und AJURIAGUERRA (1964)
2-7 %	1964	D	STEINBACH (1964)
9 %	1964	D	FISCHER und KOHENHOF (1964)
50 %	1970	D	SOVAK und ASCHMONEIT (1970)
10 %	1970	D	PAUL (1970)
14 %	1976	USA	YENI KOMISHIAN zit. in PORAC u. COREN (1981)
9 %	1983	USA	GESCHWIND (1983)
12 %	1986	CN	PORAC und COREN (1986)
7 %	1988	USA	LANSKY (1988)
4 %	1988	USA	LEVANDER und SCHALLING (1988)

Angesichts der großen Unterschiede der Prozentangaben gewinnen die Ergebnisse häufig zitierter Autoren wie PORAC und COREN großes Gewicht. Ihre Untersuchungen der Handpräferenz ergaben einen linkshändigen Bevölkerungsanteil von 12 %. Zusätzlich zeigen ihre Ergebnisse in Übereinstimmung mit CAPMAN und CHAPMAN (1987) ein um ca. 1–5 % häufigeres Auftreten der Linkshändigkeit bei Männern im Vergleich zu gleichaltrigen Frauen.

Weitaus seltener wird zur Bestimmung des Linkshänderanteils in der Bevölkerung ein Leistungstest (Performanztest) herangezogen. Die Probanden müssen dabei dieselbe Aufgabe sowohl mit der rechten als auch mit der linken Hand ausführen. Diese wesentlich aufwendigere Untersuchungsmethode, die zumeist ein Individual-Testverfahren voraussetzt, ergibt eine Verteilungsform, die einer nach rechts verschobenen Normalverteilung ähnlich ist (siehe Bild 4).

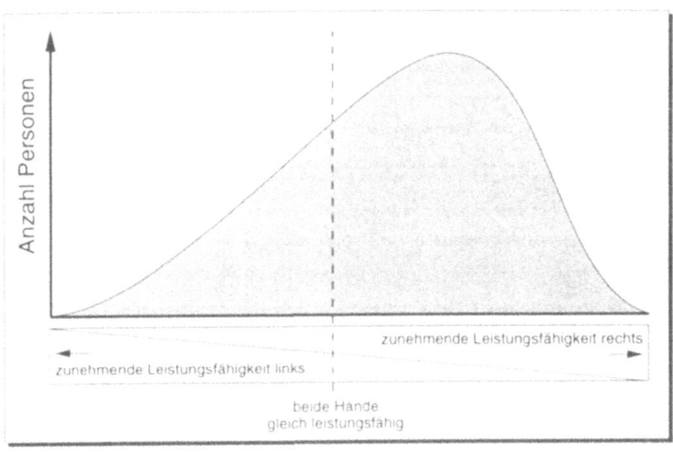

Bild 4 **Qualitative Häufigkeitsverteilung der Ausprägung der Händigkeit aller Personen der Bevölkerung mit der Handperformanz als Differenzierungskriterium**

Wie sich aus Bild 4 erkennen läßt, ergibt die Handperformanz (d. h. die Handleistungsfähigkeit) eine andere Verteilungsform als die Handpräferenz. Die strikte Trennung zwischen links- und rechtshändigen Personen erscheint hier gelockert, da ein relativ breiter ambilateraler, d. h. beidhändiger Bereich deutlich wird. In diesem ambilateralen Bereich gibt es bei rechtshändigen und linkshändigen Personen nur geringe Leistungsunterschiede zwischen beiden Händen. Einer Studie von FENNEL (zit. in PORAC und COREN 1981) zufolge schnitten in einer Geschicklichkeitsaufgabe 26 % der zuvor in einem Präferenztest als linkshändig klassifizierten Personen besser mit der rechten Hand und 20 % der rechtshändigen Personen besser mit der linken Hand ab. Bei 19 % der Probanden konnte kein signifikanter Geschicklichkeitsunterschied zwischen beiden Händen festgestellt werden. Aus diesen Ergebnissen und den unterschiedlichen Verteilungsformen von Handpräferenz und Handperformanz wird deutlich, welche Relevanz das zugrundeliegende Klassifikationsverfahren für die Bestimmung des Linkshänderanteils innerhalb einer Population hat.

Eine Prognose über die zukünftige Häufigkeitsentwicklung ist im Hinblick auf die zunehmende Toleranz gegenüber dem Gebrauch der linken Hand, wie z. B. freie Wahl der Schreibhand in der Schulerziehung und ähnlichem, interessant. COREN und PORAC (1978) analysierten 34 Studien, die zwischen 1911 und 1978 veröffentlicht wurden. Sie errechneten für den nordamerikanischen Raum eine jährliche Abnahme des rechtshändigen Bevölkerungsanteils um 0,05 %. Während dieser Wert auf eine relativ stabile Händigkeitsverteilung hindeutet, ergab eine Querschnittsuntersuchung einen um 15 % geringeren Rechtshänderanteil bei der Altersgruppe der 10-jährigen im Vergleich zu den 80-jährigen Probanden. Dieser Wert entspricht einer Veränderungsrate von 0,22 % pro Lebensjahr zugunsten der Linkshändigkeit. Diese Alterskohorten-Effekte scheinen darauf hinzuweisen, daß mit einer Steigerung des Linkshänderanteils zu rechnen ist. Auf der Basis der bisherigen Untersuchungen kann in europäischen Ländern mit einem Linkshänderanteil von 10–15 % an der Gesamtbevölkerung gerechnet werden (ANNETT 1985).

3.3.2 Seitigkeit des Menschen

Obwohl der Mensch scheinbar symmetrisch gebaut ist, lassen sich nach ULLMANN (1974) und OBERBECK (1989) bei folgenden Körperteilen Lateralitäten feststellen:

- Gehirn,
- Hände,
- Füße bzw. Beine,
- Augen,
- Ohren,
- Zunge,
- Stimmbänder,
- Venen.

Außerdem kann festgestellt werden:

- Lateralität des Geschmacksinns,
- taktile Lateralität und
- Lateralität der Drehrichtung.

Allen diesen Lateralitäten ist gemeinsam, daß es jeweils eine bevorzugte (dominante) und eine untergeordnete (subdominante) Seite gibt. Die besondere Bedeutung der Lateralität des Gehirns wird im nächsten Abschnitt behandelt. Viele dieser unterschiedlichen Lateralitäten wurden auf ihren Zusammenhang mit der Händigkeit untersucht. Besonders interessant in bezug auf die Tätigkeitsausführung in Beruf und Alltag sind die Handdominanz, die Fußdominanz, die Ohrdominanz und die Augendominanz.

Die Häufigkeit, mit der dieselbe Person die rechte Hand, das rechte Auge oder den rechten Fuß bevorzugt, ist nicht unbedingt identisch. STRAUSS und GOLDSMITH (1987) ermittelten bei ihren Probanden ein Gefälle der Rechtspräferenz. 88 % der Probanden waren rechtshändig, 83 % rechtsfüßig, 70 % bevorzugten das rechte Ohr und nur 64 % das rechte Auge. Diese Ergebnisse bestätigen frühere Untersuchungen von PORAC u. a. (1980a). Dies könnte man dadurch erklären, daß die Händigkeit am stärksten dem Konformitätsdruck durch die ›Rechtskultur‹ ausgesetzt ist. Die anderen Präferenzen können sich relativ unbeeinflußt gemäß ihrer natürlichen Veranlagung entwickeln.

Die Forschungsergebnisse hinsichtlich eines Zusammenhanges zwischen Handdominanz einerseits und Augen-, Bein- und Ohrdominanz andererseits stimmen prinzipiell überein, geben aber unterschiedliche Kongruenzgrade an. PORAC und COREN (1979) errechneten anhand einer Stichprobe von 5 000 Personen einen Anteil von nur 44 % der Personen, die in allen vier Fällen konsistent eine Seite bevorzugten.

An einer anderen, ebenfalls großen Stichprobe von ca. 7 000 Kindern und Jugendlichen wurde von NACHSON u. a. (1983) eine Konsistenz von 40 % bezüglich Hand-, Fuß- und Augenpräferenz festgestellt. STRAUSS und GOLDSMITH (1987) stellten an einer kleinen Stichprobe eine Gesamtkonsistenz von 51 % fest. Dabei zeigten nur 5,3 % der Probanden eine konsistente Bevorzugung der linken Seite. Aus diesen Ergebnissen folgt die Erkenntnis, daß die Dominanz der Hand, des Auges, des Ohres oder Fußes jeweils für sich genommen nicht stellvertretend für die gesamte Seitigkeit gewertet werden darf (GALLENKAMP 1970).

3.3.3 Medizinische Aspekte der Händigkeit

Die Linkshändigkeit wird seit der ersten Entdeckung der Asymmetrien im zentralen Nervensystem des Menschen mit der zerebralen Lateralisation (d. h. die linke Hirnhälfte steuert die rechte Körperseite und die rechte Hirnhälfte die linke Körperseite) in Zusammenhang gebracht. Man verstand unter der dominanten Hirnhemisphäre diejenige Hirnhälfte, die das Sprachzentrum enthält. Nach SUCHENWIRTH (1980) wird dabei die Händigkeit als das prominenteste Zeichen dieser Hemisphärendominanz bezeichnet. Die Ausprägung der Händigkeit wurde als Folge der Dominanz der kontralateralen Hemisphäre betrachtet (HARVEY 1988), das heißt, daß eine dominante rechte Hirnhemisphäre zu Linkshändigkeit führt, und eine dominante linke Hirnhemisphäre zu Rechtshändigkeit. Bei Betrachtung der einzelnen Hemisphärenfunktionen wird deutlich, daß man nicht von einer dominanten linken Hemisphäre und einer subdominanten rechten Hemisphäre sprechen kann. Vielmehr handelt es sich bei der Hemisphärenasymmetrie um eine funktionelle Asymmetrie, also einer Funktionsteilung, die keine Einteilung in wichtig oder unwichtig zuläßt (SPRINGER und DEUTSCH 1984). Da die beiden Hemisphären über eine Verbindung, die aus sehr vielen Nervenfasern besteht (Balken oder auch Corpus Callosum genannt), einen regen Signalaustausch betreiben, fällt nach GESCHWIND 1983 die Bevorzugung einer Hemisphäre bei einer für sie spezifischen Aufgabe im Normalfall nicht auf. Untersuchungen zur Lage des Sprachzentrums ergaben, daß bei einem Drittel der Linkshänder das Sprachzentrum eindeutig in der linken Hemisphäre sitzt, und nur bei sehr wenigen auf der rechten. Bei ein bis zwei Dritteln kann von einer bilateralen Sprachrepräsentation ausgegangen werden. Im Falle einer beidseitigen Repräsentation des Sprachzentrums liegt dabei die größere Bedeutung in der linken Hemisphäre (BEAUMONT 1987). Diese Erkenntnis steht im Widerspruch zu der Theorie, daß das Sprachzentrum kontralateral zur Handdominanz ist.

Untersuchungen, die auf strukturelle Unterschiede zwischen beiden Hirnhälften und somit auf ein physiologisches Substrat der Lateralität abzielen, zeigen meist nur relativ unauffällige anatomische und physiologische Differenzen. Sofern deutlichere Unterschiede festgestellt wurden, ergaben sich aber nur geringe Zusammenhänge mit der Händigkeit. Frühere Untersuchungen (1870–1900), die eine anatomisch bedingte Dominanz der linken Hemisphäre zum Ergebnis hatten, gelten heute als widerlegt oder werden nicht mehr im Zusammenhang mit der Händigkeit betrachtet. Detaillierte Untersuchungen konnten kein ›anatomisches Korrelat‹, das eine sichere Zuordnung zwischen Hirnstruktur und Hirn- bzw. Handdominanz erlaubt, identifizieren. Es kann lediglich festgestellt werden, daß strukturelle Asymmetrien des Gehirns bei Rechtshändern eher zu finden sind als bei Linkshändern (GESCHWIND 1983; SPRINGER und DEUTSCH 1984). Dieser Befund der weniger stark ausgeprägten Lateralisation bei linkshändigen Personen im Vergleich zu rechtshändigen findet sich auch in vielen Studien wieder, die sich mit anderen Aspekten der Lateralität, wie zum Beispiel funktionellen Asymmetrien in der Wahrnehmung, Handgeschicklichkeit usw. auseinandersetzen. Demzufolge kann der Linkshänder auch nicht als Spiegelbild des Rechtshänders bezeichnet werden, sondern muß als eine weniger asymmetrische Variante des Menschen betrachtet werden (MANDELL u. a. 1984; TAN 1988). Den gleichen Grundtenor zeigen auch andere Veröffentlichungen (POECK 1968; STEINBACH 1964), die bei linkshändigen Personen von einem stärkeren funktionellen Ausgleich zwischen den beiden Hemisphären ausgehen, da linkshändige Personen öfter gezwungen werden, beide Körperseiten einzusetzen. Insgesamt wird bei linkshändigen Personen eine größere Hemisphärengleichwertigkeit festgestellt.

Die bisher angeführten Untersuchungen gehen von einer klaren Steuer- bzw. Kontrollbeziehung zwischen einer Hemisphäre und der jeweils kontralateralen Körperseite aus. Das heißt, die linke Hirnhemisphäre steuert die rechte Körperseite und die rechte Hirnhemisphäre die linke Körperseite. Im Gegensatz dazu sieht GESCHWIND (1983) bei Handpräferenzbetrachtungen mehrere neuronale Systeme, die für jeweils verschiedene Aspekte der Handpräferenz zuständig sind und die unabhängig lateralisiert sein können.

Er geht davon aus, daß es zwei Arten der Bewegungsdominanz gibt:

- Eine für hochdifferenzierte Bewegungen, gesteuert durch das pyramidale Bewegungssystem unter der Kontrolle einer Hemisphäre. (Die Pyramidenbahn ist die Gesamtheit der absteigenden Leitungsbahnen des zentralen Nervensystems, die in der Großhirnrinde entspringen und bis zum Rückenmark reichen.)
- Eine zweite für axiale, nicht pyramidale Bewegungen unter der Kontrolle beider Hemisphären.

Aus diesen Annahmen folgt, daß eine Person für feinmotorisch anspruchsvolle Bewegungen, wie z. B. schreiben, stärker lateralisiert sein kann als für gröbere Bewegungen. Dies hat zur Folge, daß die Person einmal als rechtshändig und ein anderes Mal als ambidex oder linkshändig eingestuft werden kann. HEALEY u. a. (1986) betrachten die Händigkeit ebenfalls als ein mehrdimensionales Konstrukt, wobei sie vier unabhängige Händigkeitsfaktoren identifiziert haben. Diese vier Faktoren zeichnen sich durch so unterschiedliche Charakteristika aus, daß auch sie zu dem Schluß gekommen sind, daß es mehrere unabhängige neuronale Systeme geben muß, die die Händigkeit beeinflussen.

Wie GESCHWIND (1983) halten sie es für möglich, daß eine Person unterschiedliche Seiten bevorzugt, je nachdem, welche Tätigkeit sie auszuführen hat, bzw. welcher Händigkeitsfaktor betroffen ist. Sie geben folgende vier Händigkeitsfaktoren an:

Faktor 1:
Genereller relativ feinmotorischer Händigkeitsfaktor, speziell für Bewegungen, die eine kontinuierliche Modifikation des Bewegungsprogramms aufgrund des vorangegangenen Verlaufs der Bewegung verlangen.
Typische Tätigkeit: Schreiben, Zeichnen, Nähen, usw.

Faktor 2:
Faktor für Bewegungen, deren Programme nach der Bewegungsinitiierung kaum noch modifiziert werden müssen.
Typische Tätigkeiten: Fingerschnippen, ›auf etwas in der Ferne deuten‹, usw.

Faktor 3:
Proximal- oder Axialfaktor für Bewegungen, die in Antizipation von Axial- oder Ganzkörperbewegungen stattfinden. Hier ist eher der Kraftaufwand als die Feinmotorik entscheidend.
Typische Tätigkeiten: ›Bodenhand beim Radschlagen‹, usw.

Faktor 4:
Faktor für ballistische Bewegungen und solche, bei denen die Proximal- und/oder die Axial-Muskulatur aktiviert wird.
Typische Tätigkeit: ›Zielwerfen‹, usw.

Die Faktoren 1 und 4 weisen den stärksten Einfluß bezüglich der Handdominanz auf.

3.3.4 Pädagogische Aspekte der Händigkeit

Über viele Jahre hin wurde das Ziel verfolgt, alle Kinder so zu erziehen, daß sie ihre rechte Hand als bevorzugte Hand einsetzen. Besonders in der Schule beim Erlernen der Schrift, was eine große feinmotorische Lernaufgabe darstellt, zeigten sich die Nachteile dieser starken ›Rechts‹-Erziehung. Dieses sogenannte ›Breaking‹ der natürlichen Lateralität wird übereinstimmend (NUTZHORN 1961; WEGENER 1952) für eine qualitative Polarisierung der ursprünglich linkshändigen Personen verantwortlich gemacht. Es wurde beobachtet, daß linkshändige Schüler vorwiegend in den über- und unterdurchschnittlichen Leistungsgruppen zu finden sind. Von einer um bis zu 32 % verminderten Schulleistung von umerzogenen linkshändigen Schülern gegenüber rechtshändigen mit vergleichbarer Intelligenz wird berichtet (CHRISTIAENS u. a. 1963). Bei nicht umerzogenen linkshändigen Schülern konnten weder ein Intelligenzunterschied noch Differenzen in der Schulleistung gegenüber rechtshändigen Schülern festgestellt werden.

Eine Umerziehung von linkshändigen Schülern zum Gebrauch der rechten Hand als Schreibhand wird inzwischen zu Recht abgelehnt. SUCHENWIRTH

(1980) gibt die Empfehlung an Pädagogen, daß ein grundsätzliches Beharren auf dem Gebrauch der rechten Hand falsch ist.

In bezug auf die abendländische Schreibtechnik (von links nach rechts) werden für linkshändig Schreibende deutliche Nachteile gesehen. Diese technischen Nachteile wären zu vermeiden, wenn linkshändige Personen von rechts nach links schreiben dürften. Nur so wäre ein natürlicher und günstiger Bewegungsablauf für Linkshänder gewährleistet. Eine Untersuchung der Schreibleistung bei links- und rechtshändigen Personen zeigte nur kleine Unterschiede hinsichtlich der Schreibgeschwindigkeit zugunsten der Rechtshänder (PETERS und MC GRORY 1987). Etwaige Unterschiede in der Schriftqualität, die sonst stereotyp im Zusammenhang mit der Linkshändigkeit erwähnt werden (›Linkshänder-Klaue‹) wurden nicht festgestellt.

Der Einfluß der Erziehung auf die ursprüngliche Ausprägung der Händigkeit mit der möglichen Folge eines Wechsels der Seitenpräferenz ist einer der Hauptbestandteile aller Umwelt-Theorien zur Entstehung der Händigkeit, wie z. B. der ›Right-Sided-World‹-Hypothese, die u. a. im nächsten Abschnitt beschrieben wird.

3.3.5 Theorien über die Ursachen der Händigkeit

Nach mehreren Jahrhunderten Beschäftigung mit der Händigkeit gibt es viele zum Teil widersprüchliche Theorien, die sich mit den Hintergründen und Ursachen befassen. Bei allen Theorien wird eine Verbindung zur Hemisphärendominanz, bzw. zur allgemeinen zerebralen Lateralität gesehen (BEAUMONT 1987). Während keine der Theorien einen prinzipiellen Beitrag genetischer Faktoren ausschließt, werden bei der Gewichtung des genetischen Anteils große Unterschiede offenbar, die hauptsächlich durch die beiden Pole Erbe und Umwelt gekennzeichnet sind. Aus den Erklärungsversuchen der Händigkeit bilden sich drei prinzipielle Schwerpunkte heraus:

- Genetische Theorien,
- Umwelt-Theorien und
- allgemeine Theorien

über die Ursachen der Händigkeit.

Genetische Theorien

Die ersten genetischen Erklärungsmodelle gingen aufgrund des relativ geringen Anteils der linkshändigen Personen von einem einfachen dominant-rezessiven Erbgang der Händigkeit aus. Die Linkshändigkeit wurde als das rezessiv vererbte Merkmal angesehen, welches phänotypisch nur in Erscheinung tritt, wenn es reinerbig vorliegt. Folglich müßten die Kinder zweier linkshändiger Elternteile in jedem Falle linkshändig sein. Dieser Ansatz stieß sehr schnell an seine Grenzen, da festgestellt wurde, daß nur 40 % der Nachkommen zweier linkshändiger Personen ebenfalls zu Linkshändern werden. Diese Unterrepräsentation der linkshändigen Nachkommenschaft wurde mit sozialem Anpassungsdruck hin zur Rechtshändigkeit erklärt.

Heute wird in ›Single-Gen‹-Theorien von einem indirekten Einfluß des Seitigkeitsgens ausgegangen. Man nimmt an, daß ein Teil des Keims über die Ausbildung der sprachdominanten Hemisphäre auf die Händigkeit wirkt. ANNETT (1985) entwickelte die ›Right-Shift‹-Theorie, welche zwei wesentliche Komponenten enthält:

1. Den sogenannten ›Right-Shift-Faktor‹ und
2. einen Umwelt- bzw. Zufallsfaktor.

Beim Right-Shift-Faktor handelt es sich um ein ›Single-Gen‹, welches nur in einem ›Rechts-Allel‹ vorliegt. Laut Annett ist sein Vorhandensein verantwortlich für die Determination einer links-hemisphärischen Sprachrepräsentation und somit indirekt für die Ausbildung der Rechtshändigkeit. Ist das ›Right-Shift‹-Gen nicht vorhanden, so wird die Händigkeit durch mehr oder weniger zufällige Einflüsse determiniert.

Umwelt-Theorien

Die Umwelt-Theorien vertreten im Gegensatz zu den genetisch orientierten Theorien die Auffassung, daß die Händigkeit das Produkt eines Lernprozesses ist. Dieser Lernprozeß besteht in einer Anpassung an verschiedene soziale Zwänge oder Tendenzen, die in unserer ›rechtsorientierten‹ Kultur und Umwelt enthalten sind. Die Hauptargumente dieser Ansätze sind die gute Trainier- und Umlernbarkeit des Handgebrauchs, wie beispielsweise nach einem verletzungsbedingten Ausfall der dominanten Hand. Die bereits im vorherigen Kapitel angesprochene ›Right-Sided-World‹-Hypothese nach PORAC und COREN (1981) ist die prominenteste Theorie, die die zahlenmäßige Überlegenheit der rechtshändigen Personen in so gut wie allen Kulturen anhand von Umweltkomponenten zu erklären versucht. Die zwei nachfolgend beschriebenen Umweltkomponenten sind entsprechend der

Theorie für die Händigkeitsentwicklung maßgeblich. Die erste Komponente besteht in einer für rechtshändige Personen physikalisch optimierten Umwelt (Werkzeuge, Einrichtungen). Die zweite wird als ›Rechts-Sozialisation‹ bezeichnet, welche das Hineinwachsen in eine rechtshändige Gesellschaft mit kulturellen Bedeutungsunterschieden der rechten Hand (Schwurhand, Grußhand, Essenshand, etc.) und der linken Hand (Toilettenhand, etc.) beschreibt. Bei der Wichtigkeit dieser beiden Umweltkomponenten für den Menschen erscheint es einleuchtend, daß die Händigkeit der sozialen Erwartung gemäß ausgebildet wird. Dies bedeutet auch, daß zum Beispiel linkshändige Väter oder Mütter wegen nachteiliger Erfahrungen im Beruf eher auf eine rechtshändige Erziehung ihrer Kinder achten.

Empirische Studien, die sich mit dem Anteil der Umwelteinflüsse an der Händigkeitsausbildung auseinandersetzen, sind im Vergleich zu biologisch-genetisch orientierten Arbeiten zahlenmäßig geringer. Die Gründe dafür dürften in der Vielzahl von Einflußgrößen liegen, die nicht genau quantifiziert werden können.

Allgemeine Theorien

Während die beiden bisher genannten Theorien zwar mit zahlreichen Argumenten begründen können, warum in der Regel Rechtshändigkeit vorherrscht, fällt es ihnen schwer zu erklären, weshalb es häufig linkshändige Personen in Familien gibt, die über Generationen hinweg nur aus rechtshändigen Personen bestanden haben. Weiterhin haben sie Schwierigkeiten zu erklären, warum Menschen linkshändig werden, obwohl sie den gleichen Umwelteinflüssen ausgesetzt waren wie die rechtshändigen Personen. Zur Erklärung dieser Phänomene werden oft Theorien herangezogen, die die Linkshändigkeit als einen abnormen oder pathologischen Zustand beschreiben, der als Folge eines physiologischen Traumas unterschiedlichster Art entstanden ist.

Resümee aus den verschiedenen Händigkeitstheorien

Eine abschließende Bewertung der verschiedenen Theorien ist schwierig, da jede dieser Theorien ihren ganz spezifischen Erklärungswert für bestimmte Phänomene der Händigkeit hat. Ein umfassendes Theoriegebäude zur Vorhersage der unterschiedlichen Wahrscheinlichkeiten der Rechts- und Linkshändigkeit unter Menschen, die sich beispielsweise genetisch sehr ähnlich sind und auch unter fast identischen Umweltbedingungen aufgewachsen sind, ist bisher nicht vorhanden. Vielversprechend scheint die allgemein gehaltene Theorie über die Entwicklung der Händigkeit, in der der sozio-kulturelle Umweltdruck in Verbindung mit einer genetischen Grundrate der Rechtshändigkeit als Ursache einer Unterdrückung der Linkshändigkeit dargestellt wird (KILSHAW und ANNETT 1983). Eine absolut schlüssige und umfassende Erklärung des Phänomens ›Händigkeit‹ ist jedoch bis heute nicht bekannt.

3.3.6 Einfluß der Händigkeit auf menschliche Beschreibungsgrößen

Wenn Arbeitssysteme geplant werden, müssen soweit als möglich menschliche Beschreibungsgrößen, wie z. B. Morphologie, Geschlecht, Lebensalter, kognitive Leistungen, Persönlichkeitsentwicklung und Berufseignung, bekannt sein und ggf. berücksichtigt werden. Unter dieser Voraussetzung ist eine Kenntnis der möglichen Zusammenhänge und Beziehungen mit der Händigkeit notwendig.

Morphologie

Bezüglich der äußeren Gestalt von links- und rechtshändigen Personen fallen bei ausgesprochener Lateralität vor allem Zeichen einseitig vermehrter Funktionsbelastungen auf. Die dominante Hand wird gegenüber der subdominanten Hand stärker beansprucht. Folgen davon sind z. B. verstärkt auftretende Hohlhandschwielen, Längen- und Umfangsunterschiede, Volumen- und Massenunterschiede der Skelettknochen und verändertes Venennetz des Handrückens.

Eine Untersuchung von KOFF u. a. (1983) erbrachte keinen Zusammenhang zwischen morphologischen Asymmetrien von Hand, Fuß oder Gesicht und der Händigkeit. Somit kann hier nicht auf gesicherte wissenschaftliche Zusammenhänge und Erkenntnisse geschlossen werden.

Geschlecht

Untersuchungen zum Zusammenhang zwischen Geschlecht und Händigkeit kommen zu unterschiedlichen Ergebnissen. In einer Reihe von Studien (ELLIS u. a. 1988; LEVANDER und SCHALLING 1988; NACHSON u. a. 1983) wird festgestellt, daß es keine signifikanten Häufigkeitsunterschiede zwischen den Geschlechtern hinsichtlich der Handpräferenz gibt. Andere Studien (PORAC und COREN 1981; TAPLEY und BRYDEN 1985) berichten von 1–5 % mehr linkshändigen Männern als Frauen. Angesichts des relativ schwachen Unterschiedes kommt der Artefakt-Kontrolle bei Untersuchungen dieser Art besondere Bedeutung zu. So wird einerseits vermutet, daß Geschlechtsdifferenzen nur ungenau mit Fragebögen zu erfassen sind, da Frauen extreme Antwortkategorien zu bevorzugen scheinen. Andererseits wird behauptet, daß Studien, die zu keinem signifikanten Geschlechterunterschied führten, eine zu kleine Stichprobe untersucht hätten (PORAC und COREN 1981).

Bei Handperformanz-Untersuchungen wurde von TAPLEY und BRYDEN (1985) eine ausgeprägtere Händigkeit bei Frauen festgestellt, indem Leistungsdifferenzen zwischen der dominanten und subdominanten Hand festgestellt wurden.

Lebensalter

In verschiedenen Studien (ELLIS u. a. 1988; LANSKY u. a. 1988; TAN 1988) wurde nachgewiesen, daß das Auftreten starker Linkshändigkeit bei zunehmendem Probandenalter abnimmt, wohingegen starke Rechtshändigkeit mit zunehmendem Alter vermehrt auftritt. So sind z. B. unter 70–80jährigen Probanden ca. 15 % mehr Rechtshänder festzustellen als in der Gruppe der 10–20jährigen. Für den Zusammenhang zwischen Alter und Linkshändigkeit gibt es keine einheitliche Erklärung. Trotz der relativ starken Auswirkung des Lebensalters auf die Händigkeit muß auf eine Artefaktmöglichkeit hingewiesen werden, da die Ergebnisse auf Querschnittstudien beruhen, die einen Vergleich der Altersgruppen fraglich erscheinen lassen.

Weiterhin besteht die Frage, in welchem Lebensalter sich die Händigkeit ausbildet. Nach ULLMANN (1974) kann die Ontogenese (Keimesentwicklung) der Lateralität anhand von drei Konzepten beschrieben werden:

1. Differenzierungskonzept:
Die Entwicklung der Seitigkeit ist von Geburt an durch den genetischen Aspekt festgelegt. Diese individuelle Veranlagung verändert sich im Laufe des Lebens nicht mehr.

2. Anpassungskonzept:
Die Lateralität ist ein Produkt sozialen Anpassungsverhaltens. Diese Auffassung vertreten vor allem SOVAK und ASCHMONEIT (1970). Sie gehen davon aus, daß die beiden Ausprägungen im Genotyp jeweils zu 50 % vorkommen. Die spätere Rechtsverschiebung in der phänotypischen Händigkeit ist ihrer Meinung nach eindeutig auf den Einfluß des rechtshändigen Milieus zurückzuführen.

3. Kombinationskonzept:
Dieser Ansatz kombiniert die beiden genannten Ansätze miteinander. Sie werden als komplementär betrachtet, damit der in unseren Anlagen verankerte Reifungsprozeß die Möglichkeit zur Auseinandersetzung mit der Umwelt bereitstellt. Somit besteht eine Wechselwirkung zwischen Reifen und Lernen.

Zur konkreten Klärung der Frage, in welchem Lebensalter die endgültige Lateralisierung erfolgt (vgl. Differenzierungskonzept von ULLMANN), wurde von SUCHENWIRTH und GALLENKAMP (1967) eine umfangreiche Studie an weiblichen Versuchspersonen durchgeführt. Sie fanden heraus, daß offenbar nur bei extremen und mittleren Linkshändern sowie bei einer nicht genau abgrenzbaren Zahl von Rechtshändern eine angeborene, d. h. primäre Dominanz einer Hemisphäre besteht. Bei der weitaus größten Anzahl der Probanden gehen sie von einer primären Ambidextrie aus. Dabei entwickelt sich eine Rechtslateralisierung im Sinne einer sekundären Hemisphärendominanz erst aufgrund von soziokulturellen Einflüssen, die sich mit zunehmendem Lebensalter akkumulieren. Verkürzt beschrieben ist die Linkshändigkeit in ihrer Häufigkeit altersunabhängig, während der Anteil der Rechtshänder auf Kosten der Ambidexter mit dem Lebensalter zunimmt. Diese Zunahme der Rechtshändigkeit kann deshalb als altersabhängig im Sinne eines soziokulturellen Erwerbs bezeichnet werden. Die stärkste Abnahme der Ambidextrie wird in dem Lebensabschnitt beobachtet, in dem durch Schule und Berufsausbildung eine besonders starke (rechtsseitige) Prägung erfolgt.

Bezüglich des Zeitpunktes der Lateralisierung wurde von MANDELL u. a. (1984) festgestellt, daß Linkshänder im Vergleich zu rechtshändigen Altersgenossen zu einem späteren Zeitpunkt eine stabilere Lateralisierung erreichen. Während die Rechtshänder im Alter von 5 Jahren schon eine deutliche Handdominanz zeigen, die im Alter von 9 Jahren stabilisiert ist, setzt die Entwicklung bei Linkshändern erst nach dem 5. Lebensjahr ein, um aber dann ebenfalls im Alter von 9 Jahren in einer stabilen Handdominanz zu enden. Eine mögliche Erklärung für diese Entwicklungsverzögerung wird darin gesehen, daß soziokulturelle Faktoren den jungen Linkshänder zum Rechtshandgebrauch hin beeinflussen und ihn so erst verspätet seine ›natürliche‹ Dominanz der linken Hand ausbilden lassen.

Kognitive Leistungen

Ein Zusammenhang zwischen Händigkeit und Intelligenz konnte bisher nicht nachgewiesen werden. Verschiedenen Studien, die die Linkshändigkeit mit einem Defizit in nonverbalen oder handlungsbezogenen Intelligenz-Subtests in Verbindung bringen (LIEDERMAN und HEALEY 1986), stehen Ergebnisse größerer Studien (PORAC und COREN 1981) gegenüber, die keinerlei kognitive Defizite bei linkshändigen Personen in diesem Bereich finden konnten. HARVEY (1988) widerspricht indirekt dem Vorurteil vieler Lehrer, daß linkshändige Schüler ungewöhnlich häufig unter den leistungsschwächeren Schülern vertreten seien, da er keinen Zusammenhang zwischen der Händigkeit und der Intelligenz feststellen konnte. Eine schwächere Schulleistung von linkshändigen Schülern im Vergleich zu rechtshändigen mit vergleichbarer Intelligenz ist allerdings aufgrund zusätzlicher spezifischer Schwierigkeiten denkbar. Eine solche Schwierigkeit könnte z. B. das Arbeiten mit Utensilien für den Rechtshand-Gebrauch sein. Auch eine soziale Komponente aufgrund des ›anderen‹ Verhaltens in der Klassengemeinschaft kann einen Einfluß ausüben. COROMINAS-BERET (1967) stellte in einer umfangreichen Studie fest, daß es keine Unterschiede in der Schulleistung zwischen links- und rechtshändigen Schülern gibt. Sie weist aber ausdrücklich darauf hin, daß bei linkshändigen Schülern ein Verbot der Benutzung der linken Hand zu einem Einbruch der Schulleistung von bis zu 32 % führen kann.

NUTZHORN (1961) berichtet von einem hohen Anteil linkshändiger Sonderschüler einerseits und linkshändiger Studenten andererseits. Dieses entspricht einem polaren Bildungsprofil der linkshändigen Personen. Diese Polarisierung ist als möglicher Ausdruck der Adlerschen Reaktionstypen ›Resignation gegen Überkompensation‹ bei linkshändigen Personen interpretierbar (WEGENER 1952).

Berufseignung

Eine Verbindung zwischen der Händigkeit und der Berufswahl scheint eher indirekter Natur zu sein. Viele Studien, die sich damit auseinandersetzen, gehen eher von der spezifischen Hemisphärendominanz der Linkshändigen als von einem Vor- bzw. Nachteil der Handpräferenz als möglichem Grund für die Berufswahl aus. Eine ausführliche und systematische Untersuchung der derzeitigen Berufe auf ihre Eignung für linkshändiger Personen ist in der Literatur nicht dokumentiert.

Ein erhöhter Anteil von linkshändigen Personen ist in Berufen zu erwarten, die ein gutes räumliches Vorstellungsvermögen voraussetzen. Dies läßt sich dadurch erklären, daß die rechte Hemisphäre einerseits für gutes räumliches Vorstellungsvermögen verantwortlich ist und andererseits auch die linke Hand steuert. So wird verschiedentlich von einem überproportional großen Anteil linkshändiger Personen in Berufen aus den Bereichen Architektur, Kunst usw. berichtet. Einer Studie von CHRISTAENS u. a. (1963) zufolge lassen sich keine besonderen Berufspräferenzen feststellen, die mit der Händigkeitsausprägung in Verbindung stehen. Es wurden nur geringe Abweichungen des Linkshänderanteils über verschiedene Berufe hinweg festgestellt. Verschiedentlich wird von Personen berichtet, die aufgrund ihrer Händigkeit im Berufsleben scheitern. In einer Studie von SIRJITA und BIRZEA (1970) wird dieser Anteil mit mindestens 6 % aller linkshändigen Personen angegeben. Die Konsequenzen der Linkshändigkeit hinsichtlich der Arbeitsleistung sind unter anderem darin zu sehen, daß die höhere Maximalkraft wie auch die größere Geschicklichkeit des dominanten linken Hand-Arm-Systems nicht zum Einsatz gebracht werden kann, solange die linkshändige Person an einem ›rechtsorientierten‹ Arbeitsplatz arbeiten muß. Da die Mehrzahl der Arbeitswerkzeuge eine gleichzeitige Tätigkeit beider Hände voraussetzt (Werkzeugmaschinen, Musikinstrumente, Leitwarten, ärztliche Instrumente, usw.), ist in der Regel die rechte Hand für die Koordinierung und Ausführung der Arbeit vorgesehen. Die linke Hand wird dabei als subordiniert betrachtet. Bei stark linkshändigen Personen ist demnach wegen hauptsächlicher Beanspruchung des schwächeren Hand-Arm-Systems ein berufliches Hindernis festzustellen, das notgedrungen zu weniger guter Leistung und einer dadurch möglicherweise erhöhten Anzahl von Arbeitsunfällen führen kann (SIRJITA und BIRZEA 1970). Den möglichen Zusammenhang zwischen Händigkeit und Unfallgeschehen sieht NUTZHORN (1953, 1961) darin, daß die Umwelt von einer erhöhten Ungeschicklichkeit linkshändiger Personen ausgeht. Dies wird mit einer Art ›selbsterfüllender Prophezeiung‹ erklärt, indem linkshändigen Personen eingeredet wird, sie seien ungeschickter, was dann auch tatsächlich eintritt. Andererseits kann dieses Wissen um die eigenen Probleme mit der Händigkeit auch zu einer erhöhten Aufmerksamkeit und Vorsicht führen. In den Statistiken der Unfallversicherer finden sich keine systematische Untersuchungen über die Beziehung zwischen Lateralität und Unfallgeschehen (ULLMANN 1974; BG 1990).

Während in der Militärfliegerei von einer erhöhten Unfallzahl linkshändiger Flugzeugführer berichtet wird, ließ sich dieser Sachverhalt in der zivilen Luftfahrt nicht bestätigen (REHBERG u. a. 1969; WIRTH und ANNECKE 1987). Bei einer Analyse von Pilotenfehlern im Hinblick auf die Lateralität wurde von GERHARD (1959) eine verstärkte Richtungsunsicherheit bei linkshändigen Militärpiloten in kritischen Situationen festgestellt.

Auf eine erhöhte Unfallrate von linkshändigen Personen in Haushalt und Beruf wird von PORAC und COREN (1981) anhand einiger kleiner Studien hingewiesen.

Persönlichkeitsentwicklung

Ein großer Teil der schulischen und beruflichen Minderleistung linkshändiger Personen wird darauf zurückgeführt, daß ihre optimale Leistungsseite durch die äußeren Bedingungen beeinträchtigt wird. Primär sind linkshändige Personen genauso leistungsfähig wie rechtshändige. Sie reagieren jedoch teilweise auf eben diese genannten Behinderungen resignativ. Die Menge von Persönlichkeitsmerkmalen, die mit der Händigkeit in Verbindung gebracht werden, ist unendlich groß (BEATON und MOSELEY 1984; PORAC und COREN 1981; ULLMANN 1974). Insgesamt fällt es jedoch schwer, eine eindeutige Zuordnung zwischen Persönlichkeitsmerkmalen und Händigkeit zu finden. Es lassen sich zwar gewisse Trends erkennen, doch kann daraus nicht auf eine eindeutige Zuordnung von Linkshändigkeit und Persönlichkeitsmerkmal geschlossen werden.

3.3.7 Leistungs- und Beanspruchungsunterschiede zwischen links- und rechtshändigen Personen

Wie im letzten Abschnitt beschrieben wurde, steht die Händigkeit mit den menschlichen Beschreibungsgrößen in Zusammenhang. Nachfolgend werden einzelne Gesichtspunkte näher untersucht.

Bewegungsgeschwindigkeit

Der komplementäre Zusammenhang (Fitts Law) zwischen Bewegungsgeschwindigkeit und Bewegungsgenauigkeit (SCHMIDT 1988) des Hand-Arm-Systems hat zur Folge, daß der Mensch entweder sehr schnelle und relativ ungenaue Bewegungen oder aber sehr genaue und langsame Bewegungen ausführen kann. Dieser Zusammenhang gilt für alle Personengruppen. Als weiterer allgemeingültiger Gesichtspunkt ist das ebenfalls komplementäre Verhältnis von Bewegungsgeschwindigkeit und Kraft zu nennen (STÜSSI und DENOTH 1989). Bezüglich der Bewegungsgeschwindigkeit der dominanten und der subdominanten Hand wurden in einer Untersuchung mit 52 rechtshändigen Probanden von DAVIES und MEBARKI (1983) keine Unterschiede festgestellt.

Betrachtet man die Reaktionszeit, dann ist die Lage des motorischen Zentrums im Gehirn in bezug zur dominanten Hand wichtig. Liegt das motorische Zentrum kontralateral (auf der gegenüberliegenden Seite) zur dominanten Hand, können die Steuerungssignale direkt über die Pyramidenbahnen zu der jeweiligen Extremität gelangen. Liegt das motorische Zentrum ipsilateral (auf der gleichen Seite) zur dominanten Hand, ergibt sich durch den längeren Signalleitungsweg über den Balken ein Reaktionszeitverlust im Bereich von wenigen Tausendstel-Sekunden (FLOWERS 1975; JACOBSEN u. a. 1986). Das bedeutet, daß die subdominante Hand grundsätzlich eine längere Reaktionszeit hat. Untersuchungen zur Geschwindigkeit und Gleichmäßigkeit von kleinen Hand- und/oder Fingerbewegungen (Tapping-Test) führten zu folgenden Erkenntnissen:

- Rechtshändige Personen führen wiederholte Bewegungen mit dem rechten Arm schneller aus als mit dem linken, Beidhandbewegungen sind insgesamt langsamer (WYKE 1969).
- Insgesamt sind kleine und rhythmische Bewegungen, wie z. B. das Betätigen einer Morsetaste mit maximaler Frequenz, mit der dominanten Hand schneller und gleichmäßiger (AUGUSTYN und PETERS 1986; PETERS

u. a. 1978, 1979; PETERS 1976, 1980, 1981, 1985). Eine geringere Ermüdung der Muskeln der dominanten Hand spielt dabei möglicherweise eine Rolle (TANAKA u. a. 1984).

- Motorische Bewegungen mit der präferierten Hand sind effektiver als die mit der nicht-präferierten (RAHIMI u. a. 1985).

Handgeschicklichkeit

Die Frage nach der Handgeschicklichkeit ist eingebunden in die komplexe Struktur der Hand-Arm-Geschicklichkeit. Bereits von KELLNER (1927) wurde festgestellt: "Jedoch ist die psychologische Frage, was Geschicklichkeit ist, noch ziemlich dunkel". Er empfiehlt, für weitere Betrachtungen nach Fähigkeiten (Gesamtheit der psychischen und physischen Bedingungen, die die Ausführung einer bestimmten Verrichtung ermöglichen, auch als ›Begabung‹, ›Veranlagung‹ bezeichnet) und Fertigkeiten (durch Übung erworbene Eigenschaften, welche auf den individuellen Fähigkeiten aufbauen) zu unterscheiden.

Folglich ergibt sich auch hier eine Unsicherheit darüber, ob der Einfluß der Händigkeit eher auf den Faktor ›Fähigkeiten‹ oder auf den Faktor ›Fertigkeiten‹ einen Einfluß hat.

Im BROCKHAUS LEXIKON (1986) ist Geschicklichkeit folgendermaßen definiert:
Geschicklichkeit:
"Befähigung, bestimmte Aufgaben überdurchschnittlich gut und rasch zu lösen, vor allem Tätigkeiten, die eine gute Feinmotorik und Koordination von Handbewegungen mit der optimalen Wahrnehmung verlangen."

Im weiteren Verlauf der Erforschung der Geschicklichkeit seien hier besonders die Untersuchungen von FLEISHMANN (1967, 1972), FLEISHMANN u. a. (1954, 1962, 1984) und SCHMIDT (1988) genannt, die eine Vielzahl von unterschiedlichen ›Geschicklichkeitstests‹ beschreiben. Einige besonders bekannte, die auch in dieser Arbeit (s. Bild 7) eingesetzt wurden, sind:

- Tapping-Test (Klopf- oder Morse-Test)
- O'Connor Finger Dexterity (Steckbrett zur Manipulation mit kleinen Teilen)
- Purdue Pegboard (Steckbrett zur Simulation einer Montageaufgabe)
- Tracking (Linien nachzeichnen oder einen Zeiger auf einer Spur halten)

Für die Berechnung eines ›Geschicklichkeitsmaßes‹ gibt ULLMANN (1974) folgende Formel an:

$$\text{Geschicklichkeit} = \frac{\text{Aufgabenkomplexität} \cdot \text{Qualitätsfaktor}}{\text{Geschwindigkeit}}$$

Fest steht, daß Geschicklichkeit keine eindimensionale Größe ist, sondern aus vielen, zum Teil unabhängigen Teilmaßen besteht. Die wichtigsten sind: Genauigkeit, Schnelligkeit, Lernfähigkeit, Koordinationsfähigkeit, optische Wahrnehmung, Feinmotorik, taktile Empfindung, Reaktionszeit, Komplexität der Aufgabenstellung und Art der Aufgabenstellung. FLEISHMANN (1962, 1972) stellte fest, daß diese Dimensionen der Geschicklichkeit untereinander kaum korrelieren.

Bezüglich der Händigkeit wurde festgestellt, daß im allgemeinen die Geschicklichkeit der präferierten Hand nur bei stark lateralisierten Personen signifikant höher ist. Bei weniger stark lateralisierten Personen sind sich die Hände eher ähnlich (ANNETT u. a. 1974; FLOWERS 1975). In Tapping-Versuchen ergaben sich bei Linkshändern geringere Unterschiede der Hände als bei Rechtshändern (PETERS u. a. 1978, 1979; PETERS 1976, 1980, 1981, 1985, 1986, 1987, 1988). Ein grundsätzlicher Unterschied zwischen links- und rechtshändigen Personen konnte allerdings nicht festgestellt werden; es wurde lediglich bestätigt, daß die dominante Hand bessere Leistungen erbringt als die subdominante (ANNETT u. a. 1974, 1979; ANNETT 1976, 1985; SIMON u. a. 1964). Diese Erkenntnis wird bei vielen der später beschriebenen Testverfahren zur Händigkeit angewendet. Bei all diesen Versuchen ist zu beobachten, daß durch das Üben mit einer Hand und durch die Verbesserung der Auge-Hand-Koordination auch eine Leistungssteigerung der anderen Hand eintritt (RUTENFRANZ u. a. 1962).

Der Einfluß von Art, Lage und Anordnung von Stellteilen im Raum dürfte entsprechend den genannten Untersuchungen mit der Händigkeit korrelieren, wurde aber bisher nicht untersucht.

Bezüglich des Arbeitsmittelgebrauchs wurde von SCHMAUDER und SOLF (1992a) festgestellt, daß bei der Verwendung von händigkeitsgerechten Werkzeugen und Einrichtungen kein Leistungsunterschied zwischen links- und rechtshändigen Probanden besteht.

Kraftvermögen

In der DIN 33 411 sind für die ergonomische Arbeitsgestaltung Werte zu den menschlichen Körperkräften tabelliert. Diese Werte berücksichtigen die Händigkeit des Menschen nicht. Ansätze dazu finden sich bei BANDERA u. a. (1986), WANG und STRASSER (1993), ROHMERT u. a. (1992) sowie in SCHMIDTKE (1993), die von Kraftunterschieden zwischen links und rechts von ca. 10 % berichten, ohne jedoch explizit mit einer linkshändigen Probandenkontrollgruppe gearbeitet zu haben.

Wahrnehmung und Reaktionsgeschwindigkeit

Es gilt als gesichert, daß eine laterale Asymmetrie innerhalb der Wahrnehmung verschiedenster Arten sensorischer Information besteht. In einer kleineren Studie von ARDILA u. a. (1987) wurde bei einem Gewichtsempfindungstest eine generelle Überlegenheit der rechtshändigen Personen gegenüber den linkshändigen festgestellt.

Bei der Analyse einfacher Reaktionszeiten sowie von Wahl-Reaktionszeiten konnten keine Mittelwertsunterschiede zwischen Rechtshändern und Linkshändern festgestellt werden (JACOBSEN u. a. 1986). Während die Rechtshänder einen Wahl-Reaktionsvorteil der dominanten Hand zeigten, war kein Unterschied zwischen der subdominanten und der dominanten Hand bei Linkshändern festzustellen. Dies erklärt sich damit, daß die Linkshänder aufgrund des alltäglichen Umgangs mit Rechtshänderwerkzeug eine stärker trainierte subdominante Hand haben als die Rechtshänder.

Schreibtechnik

Von TANKLE und HEILMAN (1983) wurde in der Fähigkeit, in Spiegelschrift zu schreiben, ein Leistungsunterschied zugunsten der Linkshänder festgestellt. Während Rechtshänder und Linkshänder in der Normalschrift sich in dieser Studie als gleich schnell erwiesen, zeigten sich die Linkshänder in der Spiegelschrift generell überlegen. Der Grund dafür ist, daß linkshändige Personen in diesem Bereich den Vorteil haben, abduktive Bewegungen (vom

Körper weg) genauer ausführen zu können als Rechtshänder die aduktiven Bewegungen (zum Körper hin), die sie zum spiegelverkehrten Schreiben benötigen.

Fahrzeugsteuerung

Ausgehend von der Behauptung, daß bei Linkshändern eine Tendenz zur Richtungsunsicherheit (Rechts-Links-Verwechslung) besteht und somit eine höhere Unfallwahrscheinlichkeit in kritischen Fahrsituationen vorhanden ist (COREN 1989; GERHARD 1959; REHBERG u. a. 1969), untersuchte RENNER (1991) den Einfluß der Händigkeit auf die Seitenunterscheidung und die Fahrzeugsteuerung. Es wurde keine händigkeitsspezifische Richtungsunsicherheit festgestellt. Unterschiede zwischen den Händigkeitsgruppen konnten lediglich unter extremen Bedingungen und in zeitlich begrenztem Rahmen festgestellt werden. Man kann nach RENNER (1991) davon ausgehen, daß sich bei einer für jede Händigkeitsgruppe optimierten Mensch-Maschine-Schnittstelle die Unterschiede in der Unfallwahrscheinlichkeit reduzieren würden.

Bewegungsstereotypien

Bereits von CHAPANIS und GROPPER (1967, 1968) wurde festgestellt, daß bei der Gestaltung von Anzeigen-Regler-Systemen auf die Händigkeit Rücksicht genommen werden muß. Wenn z. B. eine Skala von rechts nach links eingestellt werden muß, sind die Rechtshänder besser; umgekehrt sind es die Linkshänder. Ein Anzeigen-Regler-System, das für Rechtshänder ausgelegt ist, ist auch nur für sie geeignet. Weiterhin wurde festgestellt, daß Linkshänder Schalter nicht in dem Maße einheitlich bedienen wie Rechtshänder (BOLES und DEWAR 1986). GARONZIK (1989) konstatierte bei Stellteilbedienungen mit der subdominanten Hand eine verminderte Qualität und SPANNER (1993) stellte bei Linkshändern weniger Kompatibilitätsfehler als bei Rechtshändern fest.

Die in der Grundlagenliteratur (MC CORMICK 1964; MURELL 1971; WELFORD 1968) dokumentierten Bewegungsstereotypien sollten demnach für linkshändige Personen überprüft werden. Es muß aber vermieden werden, daß historisch gewachsene Dreh- und Bewegungsrichtungen nicht ohne dringende Notwendigkeit an eventuell andere Bewegungsstereotypien von Linkshändern im Vergleich zu Rechtshändern angepaßt werden.

Beanspruchung

Entsprechend dem Belastungs-Beanspruchungs-Modell der Arbeitswissenschaft muß davon ausgegangen werden, daß sich, wie beschrieben, aus der Belastungshöhe und den Faktoren der individuellen Leistungsfähigkeit (also auch der Händigkeit) die Beanspruchungshöhe ergibt. Physiologische Untersuchungen, die ein unterschiedliches Beanspruchungsverhalten von Linkshändern nachzuweisen versuchen, sind nicht bekannt und erscheinen auf der Basis der beschriebenen Zusammenhänge auch als nicht sinnvoll. Es kann davon ausgegangen werden, daß die bekannten Gesetzmäßigkeiten auch für Linkshänder zutreffen.

3.3.8 Klassifikationsverfahren zur Händigkeit

Bezüglich der Klassifikation der Bevölkerung in links- und rechtshändige Personengruppen gibt es zwei gegensätzliche Ansätze. Zum einen wird versucht, die Händigkeit nach Leistungsgesichtspunkten des Hand-Arm-Systems zu klassifizieren, zum anderen wird erfaßt, mit welcher Hand einhändige Tätigkeiten ausgeführt werden. Die Einteilung in Händigkeitsgruppen geschieht dabei entweder zweiseitig in eine Links- und in eine Rechtshändergruppe oder aber in mehrere Subgruppen von extrem links über beidhändig bis hin zu extrem rechts. Zwischen der Handpräferenz und der Handperformanz besteht eine relativ geringe Korrelation mit einem Korrelationskoeffizienten von r = 0,6 (POREN und CORAC 1981). Um eine erfolgreiche Klassifikation in Links- und Rechtshänder vornehmen zu können, ist es deshalb von vornherein wichtig, zwischen den zwar korrelierenden, aber nicht austauschbaren Ergebnissen der Handpräferenz-Testung und der Handperformanz-Ermittlung zu differenzieren.

Die nachfolgende Tabelle 2 gibt eine Übersicht über häufige Testverfahren zur Bestimmung der Händigkeit.

Tabelle 2 **Häufige Tests zur Bestimmung der Händigkeit** (SCHMAUDER und SOLF 1992a)

Testname	Testinhalt
Nutzhorn Untersuchungsbogen	Viele kleine Präferenzaufgaben
Oldfield Handedness Inventory oder Edingburgh Handedness Inventory	Fragen und Aufgaben zum Handgebrauch
Raczkowski Fragebogen	Präferenzfragebogen
Porac und Coren Testbatterie	Fragen und Aufgaben zur Handpräferenz
Hildreth-Test	Einfache Tätigkeiten
HDT (Hand-Dominanz-Test)	Handleistungstest
AMI (Avaiable Motions Inventory)	Fähigkeitsprofil bei Bewegungsaufgaben
Small Dexterity Test oder Hines and O'Connor Test	Geschicklichkeitsaufgabe
Purdue Pegboard	Geschicklichkeitsaufgabe
Tapping	Handleistungstest
Griffstärke	Handleistungstest
WADA-Test oder Dichotischer Hörtest	(Sprach-) Hemisphären-dominanztest

Handgeschicklichkeitstests

Wird zur Bestimmung der Händigkeit ein manueller Geschicklichkeitstest herangezogen (Hines and O'Connor-Test, oft nur als O'Connor-Test bezeichnet), so wird deutlich, daß die Hand mit dem größeren Leistungsvermögen nicht immer mit der präferierten Hand identisch sein muß. So wurde festgestellt, daß die nichtpräferierte Hand bei 25 % der Linkshänder und bei 10–20 % der Rechtshänder überlegen war (BENTON u. a. 1962; PROVINS und CUNLIFFE 1972).

Die geringe Prädiktionskraft dieser Tests gab oft Anlaß zu Kritik. Es wurde beanstandet, daß die Aufgaben zu komplex seien und somit zuviel Lernerfahrung voraussetzten. Deshalb wurden dieselben Fragestellungen mit ›Einfachst-Aufgaben‹ untersucht. Diese Aufgaben, wie etwa ›Tapping‹ (engl.: klopfen, tippen), sollten eine bessere Vorhersage ermöglichen, denn so könnte weder die beidhändige Handhabung von Geräten noch der überproportional häufige Einsatz der subdominanten Hand des Linkshänders im

Alltag zu einer Leistungsverzerrung bei komplexeren Aufgaben führen. Die Untersuchungsergebnisse erbrachten allerdings einen ähnlich niedrigen Zusammenhang mit der Handpräferenz. Bei 40 % der Linkshänder wurde eine Überlegenheit der rechten Hand festgestellt, während bei Rechtshändern die ›Tapping‹-Frequenz mit der subdominanten Hand in 12 % aller Fälle höher lag (PROVINS und CUNLIFFE 1972). Die mangelnde Übereinstimmung zwischen Handpräferenz-Tests und Geschicklichkeits- bzw. Leistungstests erklären PORAC und COREN (1981) mit den unterschiedlichen Anforderungen der jeweiligen Aufgaben an die Versuchspersonen. Faktoren wie Ermüdung, Übung, Motivation, Stimulus, Kompatibilität, Bewegungsrichtung, etc. können bei dieser Art von Tests Auswirkungen auf die relative Handüberlegenheit haben.

Zusammenfassend wird lediglich eine Konkordanz von 59 % zwischen den untersuchten Tests berechnet. Als Konsequenz ergibt sich, daß die Handleistung als eine mehrdimensionale und damit komplexe, mit dem jeweiligen Aufgabentyp interagierende Struktur verstanden werden muß. Die Bestimmung der einzelnen Komponenten ist zwar möglich, ihre Interpretation hinsichtlich der Händigkeit ist jedoch nicht besonders aussagefähig.

Handpräferenztests

Die Handpräferenz (die Bevorzugung einer Hand) läßt sich einfacher und eindeutiger feststellen als die relative Leistungsüberlegenheit (Performanz) einer Hand. Wie bereits deutlich wurde, ist der Zusammenhang zwischen Handpräferenz und Handperformanz keineswegs trivial. So kann beispielsweise nicht grundsätzlich davon ausgegangen werden, daß eine globale Frage, wie zum Beispiel: „Betrachten Sie sich als Links- oder als Rechtshänder?" anhand der unterschiedlichen Geschicklichkeit, Kraft oder sonstiger Leistungsunterschiede zwischen den Händen beantwortet wird.

Bei der Beurteilung ihrer eigenen Händigkeit scheinen sich die meisten Personen an ihrer Schreibhand zu orientieren. Folglich überrascht es nicht, daß die Frage nach der Schreibhand häufig zur Händigkeitsklassifikation herangezogen wird. Allerdings trägt gerade diese Frage nicht viel zur Bestimmung der Handpräferenz bei, da bekannt ist, daß die Schreibtätigkeit starkem sozialen Druck (›wir schreiben rechts‹) ausgesetzt ist. Um das

Fehleinschätzungsrisiko zu minimieren, wird von vielen Forschern eine direkte Untersuchungsmethode vorgezogen, in der die Versuchspersonen mit einer Reihe von einhändig auszuführenden Tätigkeiten konfrontiert werden, die nicht von kulturellen Konventionen beeinflußt sind.

Die Ergebnisse dieser Tests werden meistens mit Hilfe einer der nachfolgenden drei Methoden mit der Händigkeit in Beziehung gesetzt.

1. Händigkeitsklassifikation durch Summenbildung (FERNER u. a. 1970). Es wird die Summe der Punkte für rechts oder ambilateral ausgeführte Aufgaben gebildet. Nach definierten Kriteriumswerten wird eine Klassifikation in Linkshänder, Ambidexter und Rechtshänder vorgenommen.

2. Händigkeitsklassifikation durch Quotientenbildung (ZIMMER 1984). Durch die Bildung des sogenannten Hildreth-Index wird die Seitigkeit (Seitigkeitsindex SI) bestimmt.

$$SI = \frac{R - L}{R + L}$$

R = Zahl der rechtshändig ausgeführten Aufgaben

L = Zahl der linkshändig ausgeführten Aufgaben

Klassifikation:

-1 = absoluter Linkshänder; 0 = Ambidexter; +1 = absoluter Rechtshänder

3. Händigkeitsklassifikation durch Bildung einer gewichteten Summe (NUTZHORN 1953; GALLENKAMP 1970).

Die untersuchten Tätigkeiten erhalten je nach ihrer Relevanz hinsichtlichlich der Händigkeit eine unterschiedliche Gewichtung. Je nachdem, ob die Tätigkeit mit links, rechts oder mit beiden Händen ausgeführt wird, werden Punkte vergeben. Die Klassifikation erfolgt nach Punktwerten in sechs Subgruppen, deren Abstände betragsmäßig unterschiedlich sind. Diese Art der Bestimmung wird nach ihrem Begründer als ›Seitigkeitsbestimmung nach Nutzhorn‹ bezeichnet.

Über die Art der Aufgaben gibt es die unterschiedlichsten Auffassungen. Einerseits werden möglichst einfache und bekannte Tätigkeiten als Aufgaben verlangt, die wenig dem sozialen Anpassungsdruck ausgesetzt sind, also sogenannte ›kulturell nicht beeinflußte Tätigkeiten‹, wie zum Beispiel Zeichnen, Zähneputzen, Werfen etc. Andererseits werden Tätigkeiten gefordert, die in ihrem motorischen Ablauf für die Versuchsperson neuartig und unbekannt sind, wie zum Beispiel Spiegelschriftschreiben, simultanes Zeichnen usw. Darüber hinaus werden gefährliche Tätigkeiten wie ›Schneiden‹ oder überraschende spontane Reaktionen, wie zum Beispiel ›Auffangen eines zugeworfenen Gegenstandes‹ als Händigkeitsindikatoren benutzt.

Der Vorteil, einfache und bekannte Tätigkeiten als Indikatoren zu benutzen, liegt darin, daß hier ein zeitsparender Fragebogen eingesetzt werden kann. Wesentlich aufwendiger ist eine Individualtestung, die das Ausführen von Testaufgaben verlangt.

Bei einfacheren Aufgaben ist jede Versuchsperson – ohne große Anforderung an ihr Vorstellungsvermögen – in der Lage, diejenige Hand zu benennen, die sie für die im Fragebogen beschriebene Aufgabe benutzen würde. COREN und PORAC (1981, 1978) sowie COREN u. a. (1979) fassen die Schnittmenge der am häufigsten verwendeten Fragen aus den bekanntesten Händigkeitsfragebögen zusammen und geben die jeweilige Übereinstimmung mit der Verhaltensebene an. Die Zuverlässigkeit der Fragebögen wurde untersucht, indem man die tatsächliche Ausführung der Aufgaben mit der im Fragebogen angegebenen Ausführung verglich. Es ergab sich, daß individuelle Verhaltenstests kaum einen zusätzlichen Erkenntnisgewinn gegenüber den ökonomisch sinnvolleren Fragebogen-Untersuchungen bringen.

Neben der Validität ist auch die Re-Test-Reliabilität der Händigkeitsfragebögen mit 95 % nach einer Zwischenzeit von einem Jahr sehr gut. Im Unterschied zur Handgeschicklichkeit scheint die Handpräferenz ein einfaches und reliabel zu erfassendes Konstrukt darzustellen. Die Struktur dieses Konstrukts wird übereinstimmend als unidimensional beschrieben, da faktorenanalytische Betrachtungen unterschiedlicher Präferenzfragebögen jeweils einen einzigen Händigkeitsfaktor identifizierten (PORAC u. a. 1980b). Dies steht im Gegensatz zu der Mehrdimensionalität der Händigkeit bei Untersuchungen zur Handperformanz.

3.3.9 Bekannte Gestaltungsregeln

Außer dem Hinweis von PFANNENSTIEL (1984), daß bei Zahntechnikern linksschneidende und -drehende Fräser für linkshändiges Arbeiten einzusetzen sind, und der Feststellung von GARONZIK (1989), daß eine zentrale Stellteilanordnung und Wahlfreiheit beim Betätigen günstig ist, sind keine weiteren Gestaltungsregeln bekannt, die sich konkret mit der Frage der Arbeitsbedingungen unter dem Gesichtspunkt der Händigkeit beschäftigen.

3.4 Forschungsdefizite

Die in den vorangegangenen Abschnitten beschriebenen Erkenntnisse zur Problematik der Händigkeit zeigen, daß dank zahlreicher Untersuchungen ein breites Wissen über die Händigkeit und ihren Einfluß auf menschliche Beschreibungsgrößen vorhanden ist. Eine allgemein akzeptierte Theorie über die Ursachen der Händigkeit konnte bisher noch nicht entwickelt werden. Weiterhin ist aufgrund der geringen Korrelation von Handpräferenz und Handperformanz (r = 0,6) ein valides und reliables Klassifikationsverfahren zur Bestimmung der Händigkeit nicht bekannt.

Gestaltungsregeln für technische Systeme unter dem Gesichtspunkt der Händigkeit sind bisher nur wenige dokumentiert. An der Mensch-Maschine-Schnittstelle ist im Rahmen dieser Arbeit die Grob- und Feinmotorik von Bedeutung, da sich die Händigkeit auf motorische Prozesse auswirkt. Bei der Informationseingabe in Mensch-Maschine-Systeme an der manuellen Eingabeschnittstelle wurde von MUNTZINGER (1986) die Grob- und Feinmotorik als maßgebliches Differenzierungskriterium identifiziert. Die Beschreibungsgrößen der Grobmotorik sind die Stellungskräfte des menschlichen Hand-Arm-Systems. Es fehlt hier differenziertes Wissen bezüglich evtl. vorhandener Kraftunterschiede zwischen Links- und Rechtshändern. Die Feinmotorik ist eingeordnet in den weitgefaßten Begriff der Geschicklichkeit. Beschreibungsgrößen sind hier Geschwindigkeit und Genauigkeit von kleinen Bewegungen des Hand-Arm-Systems bzw. des Finger-Hand-Systems. Grundlegende Untersuchungen zu Geschwindigkeits- und Genauigkeitsunterschieden zwischen den Hand-Arm-Systemen von links- und Rechtshändern wurden bereits durchgeführt. Detaillierte Erkenntnisse zur Berücksichtigung der Händigkeit in bezug auf Auswahl und Anordnung von Stellteilen für feinmotorische Stellaufgaben sind allerdings nicht bekannt.

Prinzipielle Hilfestellungen zur Gestaltung der M-M-S unter Berücksichtigung der Händigkeit in der Art einer Vorgehensweise sind bisher ebenfalls nicht vorhanden.

4 Methodik für Vergleichsuntersuchungen zur Händigkeitsproblematik

Bei Untersuchungen zur Gestaltung von Mensch-Maschine-Schnittstellen sollen nach JOHANNSEN (1993) alle ausgewählten Meßgrößen folgenden Kriterien genügen: Objektivität, Interpretierbarkeit, Reliabilität, Validität und Interferenzfreiheit gegenüber der Untersuchungssituation und Zumutbarkeit für den Menschen. Da es sich bei Untersuchungen im Rahmen der Händigkeitsproblematik um vergleichende Untersuchungen handelt, sind deshalb bei einer Veränderung von Versuchsvariablen nur Laborexperimente aussagefähig.

Die Untersuchungen müssen unter dem Gesichtspunkt der Validität jeweils eine Betrachtung der linken und der rechten Hand von links- und rechtshändigen Probanden beinhalten. Die Probandenauswahl hat deshalb bei Vergleichsuntersuchungen zur Händigkeit eine besondere Bedeutung.

4.1 Versuchsauswahl

Die Bestimmung der maximalen Stellungskräfte des menschlichen Hand-Arm-Systems war bereits in der Vergangenheit das Ziel von Forschungsaktivitäten. Vorgehensweisen und Meßvorschriften dazu wurden von ROHMERT (1966, 1968); ROHMERT und PREISING (1968); ROHMERT und JENIK (1972); MAINZER (1982); RÜHMANN und SCHMIDTKE (1989, 1992); ROHMERT u. a. (1992) und ROHMERT u. a. (1994) vorgestellt. Tabellenwerte von Maximalkräften sind in den Standardwerken der Ergonomie, wie z. B. bei SCHMIDTKE (1993), HETTINGER und WOBBE (1993) sowie in der DIN 33 411 dokumentiert.

Wesentlich seltener wurden die feinmotorischen Leistungen des Menschen untersucht. Nach JOHANNSEN (1993) treten bei rein manuellen Regelungsvorgängen die sensomotorischen Prozesse als die wesentlichen informatorischen Prozesse hervor. Die Eingabe von Informationen an der manuellen Eingabeschnittstelle im Mensch-Maschine-System erfolgt über Stellteile. Die Unterschiede bezüglich der feinmotorischen Leistungen der Anwender werden in der Arbeitswissenschaft üblicherweise durch Trackingexperimente (Folge- und Kompensationsaufgaben) festgestellt. Trackingexperimente sind demnach die geeigneten Methoden, um Bewegungsgenauigkeit und -geschwindigkeit, welche in bezug auf die Händigkeit von Interesse sind, zu operationalisieren. Auch MUNTZINGER (1986) führte zur Bestimmung der feinomotorischen Leistungen in Mensch-Maschine-Systemen Genauigkeits- und Geschwindigkeitsexperimente mit Hilfe einer Trackingaufgabe durch. Durch einen Vergleich der bei gleicher Aufgabenstellung, aber unterschiedlichen Stellteilen bzw. Stellteilanordnungen ermittelten Trackingergebnisse kann die Eignung von Stellteilen bzw. ihrer Anordnung bestimmt werden. Prinzipiell wird bei Trackingexperimenten zwischen Folgeaufgaben und Kompensationsaufgaben unterschieden. Bei Folgeaufgaben wird sowohl die Führungsgröße als auch die Regelgröße angezeigt, d. h. es wird eine echte Bewegung angezeigt. Der Mensch muß die Differenzbildung zur Gewinnung der Regelabweichung intern selbst vornehmen. Bei Kompensationsaufgaben wird nur der jeweilige Regelfehler gezeigt. Nach POULTON (1974) wird die Verwendung von Folgeaufgaben (Pursuit-Tracking) empfohlen. Unter Berücksichtigung der Zielsetzungen dieser Arbeit, wird deshalb die Frage nach den feinmotorischen Leistungen im Hinblick auf die Gestaltung der M-M-S durch eine Untersuchung zur Anordnung von Stellteilen durch ein Pursuit-Trackingexperiment operationalisiert.

4.2 Versuchsplanung und -durchführung

Bei der Versuchsplanung sind nach SACHS (1978) zwei entgegengesetzte Gesichtspunkte aufeinander abzustimmen: das Prinzip der Vergleichbarkeit und das Prinzip der Verallgemeinerungsfähigkeit. Vergleichbarkeit erfordert ein möglichst homogenes Probandenkollektiv, Verallgemeinerungsfähigkeit dagegen Heterogenität zur Gewinnung einer breiten Basis. Beide Prinzipien müssen bei der Versuchsplanung ineinandergreifen. Um Versuchsgruppen vergleichen zu können, müssen die folgenden Versuchsbedingungen übereinstimmen, bzw. die gleiche Häufigkeitsverteilung haben:

1. das Meßverfahren
2. die Versuchsdurchführung
3. die individuellen Besonderheiten der Probanden
4. die zeitlich-örtlich-persönlichen Besonderheiten der Versuche.

Verallgemeinerungsfähigkeit der Versuchsergebnisse liegt dann vor, wenn die vorliegenden Beobachtungswerte als repräsentativ angesehen werden können.

In der statistischen Versuchsplanung werden mehrere Faktoren gleichzeitig so untersucht, daß sich ihre Effekte und Wechselwirkungen sowie die Variabilität dieser Effekte messen, untereinander vergleichen und gegen die zufällige Variabilität abgrenzen lassen. Dadurch werden zum einen eventuell falsche Ergebnisse vermieden, zum andern wird die Wirksamkeit dieses Verfahrens wesentlich erhöht. Für die Versuchsplanung gelten drei wichtige Grundprinzipien:

1. Wiederholung:
Durch die Wiederholung von gleichen Versuchen können die jeweiligen Versuchsergebnisse direkt miteinander verglichen werden. Größere Abweichungen können sofort erkannt werden. Aus der Streubreite der einzelnen Ergebnisse können Versuchsfehler abgeschätzt werden. Durch die Wiederholung wird die Anzahl der Versuche erhöht, was den Versuchsfehler verkleinert.

2. Randomisierung (Zufallszuteilung):
Ermöglicht – durch Ausschaltung bekannter und unbekannter systematischer Fehler, insbesondere Trends, die durch die Faktoren ›Zeit‹ und ›Raum‹ bedingt sind – eine unverfälschte Schätzung der interessierenden Effekte und bewirkt zugleich Unabhängigkeit der Versuchsergebnisse.

3. Blockbildung:
Erhöht durch die Zusammenfassung von ähnlichen Versuchen zu Blocks die Genauigkeit blockinterner Vergleiche.

4.3 Statistische Methoden

Bei vergleichbaren Untersuchungen wurde bei der statistischen Auswertung häufig der T-Test und mehrfaktorielle Varianzanalysen eingesetzt. Diese Verfahren werden nachfolgend in ihren Grundzügen beschrieben.

Die analytische Statistik ermöglicht, aufbauend auf der deskriptiven Statistik, den Rückschluß von der Stichprobe auf die zugehörige Grundgesamtheit. Allgemeine Gesetzmäßigkeiten, die über den Beobachtungsbereich hinaus gültig sind, werden zunächst als Hypothesen aufgestellt und mit einer bestimmten statistischen Sicherheit abgesichert. Die Hypothese, daß zwei Grundgesamtheiten hinsichtlich eines Parameters übereinstimmen, wird Nullhypothese genannt. Sind jedoch Unterschiede zwischen den verglichenen

Grundgesamtheiten feststellbar, so wird die Nullhypothese verworfen und die Alternativhypothese für richtig erklärt.

Beim Prüfen von Hypothesen anhand eines Tests sind insgesamt vier Entscheidungen möglich:

Richtige Entscheidungen:
Die Nullhypothese wird berechtigt beibehalten oder die Alternativhypothese wird durch das berechtigte Verwerfen der Nullhypothese für wahr erklärt.

Fehlentscheidungen:
Die Nullhypothese wird unberechtigt abgelehnt oder sie wird unberechtigt beibehalten. Die den beiden Fehlentscheidungen entsprechende Wahrscheinlichkeit wird als Irrtumswahrscheinlichkeit α bezeichnet.

Die statistische Sicherheit ›S› ist umso größer, je kleiner die Irrtumswahrscheinlichkeit ist. Beim Ablehnen der Nullhypothese besteht ein Unterschied zwischen den verschiedenen Grundgesamtheiten, der als signifikant bezeichnet wird, wenn $S \geq 90\ \%$ ist, und als hochsignifikant bei $S \geq 99\ \%$. Da Aussagen über Trends ebenfalls von großem Interesse sind, werden Unterschiede mit $80\ \% < S > 90\ \%$ als fast signifikant eingestuft.

Bei Leistungsmaßen des Menschen kann analog zu anderen Größen, wie z. B. Körpermaße und -massen, davon ausgegangen werden, daß die Grundgesamtheit normalverteilt ist. Die Prüfverteilung des Probandenkollektivs, das als Stichprobe dient, folgt deshalb nach SACHS (1978) der ›Student‹-Verteilung oder ›t‹-Verteilung.

T-Test für paarige Stichproben:
Beim T-Test (Signifikanztest) geht es darum, mit Hilfe stichprobenartiger Überlegungen zu prüfen, ob eine Hypothese angenommen oder verworfen werden soll. In der Regel wird die Nullhypothese getestet. Im vorliegenden Fall bedeutet die Nullhypothese die Behauptung, daß zwischen zwei Mittelwerten kein Unterschied besteht. Die Hypothese bezieht sich dabei nicht auf die Stichprobe, sondern auf die hinter der Stichprobe stehende Grundgesamtheit. Der T-Test soll daher letztlich Antwort auf die Frage geben, ob man aus einer beobachteten Differenz von Stichprobenmittelwer-

ten auf eine Differenz der Mittelwerte in der Grundgesamtheit schließen kann. Bildet man durch eine Gruppierungsvariable aus einer Stichprobe Teilstichproben, so können zwischen den einzelnen Fällen systematische Zusammenhänge existieren, d. h. daß die Teilstichproben abhängig voneinander sind. Dies ist dann z. B. der Fall, wenn bei denselben Probanden (z. B. Gruppe der Linkshänder) die dominante Hand mit der subdominanten verglichen wird. Dabei treten die Meßwerte gepaart auf, so daß man auch von paarigen Stichproben spricht. Allerdings kann anhand dieser Methode nicht die Gruppe der Linkshänder mit den Rechtshändern verglichen werden, da die einzelnen Probandengruppen unabhängig voneinander sind.

Der Unterschied zwischen zwei (Gruppen-) Mittelwerten ist dann signifikant, wenn der errechnete Wert größer oder gleich dem entsprechenden tabellarischen T-Wert ist. Jeder tabellarische T-Wert basiert auf ›n‹ Freiheitsgraden und der vorgewählten Irrtumswahrscheinlichkeit (BROSIUS 1988, 1989).

Mehrfaktorielle Varianzanalyse:
Bei Varianzanalysen geht es prinzipiell um die Frage, ob sich die Mittelwerte einer abhängigen Variablen für Gruppen von Fällen signifikant voneinander unterscheiden. Die Varianzanalyse zerlegt die in der gesamten Stichprobe vorhandene Streuung in zwei Komponenten und vergleicht diese miteinander. Zum einen wird die Streuung der einzelnen Werte innerhalb der Gruppen um den jeweiligen Gruppenmittelwert berechnet, zum andern die Streuung der Gruppenmittelwerte um den Stichprobenmittelwert. Gruppenmittelwerte in der Grundgesamtheit unterscheiden sich umso stärker, je größer die Streuung zwischen der Gruppenmittelwerten und je kleiner die Streuung innerhalb der Gruppen ist.

Mehrfaktorielle oder multivariate Analysen liegen vor, wenn die Wirkung der Faktoren auf mehrere abhängige Variablen in derselben Varianzanalyse untersucht wird. Mehrere univariate Analysen haben gegenüber einer multivariaten Analyse zwei entscheidende Nachteile:

1. Sofern Wechselwirkungen zwischen den abhängigen Variablen existieren, können diese mit einer univariaten Analyse nicht erfaßt werden, wohl aber mit einer multivariaten Analyse.
2. Bei mehreren hintereinandergeschalteten univariaten Varianzanalysen wird jedesmal ein Signifikanztest für die Wirkung der Faktoren auf die

jeweilige abhängige Variable durchgeführt. Die Ergebnisse von Signifikanztests unterliegen aber selbst einer Zufallsverteilung, so daß die Wahrscheinlichkeit, wenigstens ein signifikantes Ergebnis zu erhalten, mit der Anzahl der durchgeführten Tests steigt. Diesem Sachverhalt tragen multivariate Tests Rechnung.

Zur Beantwortung der Frage, ob Faktoren einen signifikanten Einfluß auf mehrere abhängige Variablen haben, wobei deren Wechselwirkung berücksichtigt wird, wird im univariaten Fall die Prüfgröße ›F‹, die sich als Verhältnis der mittleren Quadratsumme zwischen den Gruppenmittelwerten zur mittleren Quadratsumme innerhalb der Gruppe ergibt, verwendet. Für den multivariaten Fall sind andere Prüfmaße entwickelt worden, wobei die Teststärke beim ›Pillais Trace‹ am größten ist, so daß der Pillais-Wert nach BROSIUS (1989) und NORUSIS (1985) am aussagekräftigsten ist. Für die Interpretation ist entscheidend, daß für dieses Prüfmaß eine Transformation durchgeführt werden kann, die annähernd eine F-Verteilung aufweist, so daß darauf ein Signifikanztest durchgeführt werden kann. Ein signifikantes ›F‹ bedeutet, daß die Mittelwerte der Grundgesamtheit höchstwahrscheinlich untereinander ungleich sind. Allerdings besteht die Möglichkeit, daß sich einzelne Mittelwerte nicht signifikant und andere signifikant unterscheiden. In solchen Fällen muß anschließend noch geprüft werden, wo eine signifikante Mittelwertsdifferenz vorliegt.

5 Vorgehensweise zur Probandenauswahl

Um bei Untersuchungen zur Händigkeitsproblematik zu Versuchsergebnissen zu kommen, die den in Kapitel 4 formulierten Ansprüchen genügen, empfiehlt sich die Verwendung von zwei Probandengruppen, die sich maximal unterscheiden, also einer extrem linkshändigen und einer extrem rechtshändigen Probandengruppe. Wenn durch diese zwei Probandengruppen die ›Präferenz-Extremwerte‹ festgelegt werden, kann davon ausgegangen werden, daß sich alle weniger stark lateralisierten Personen dazwischen befinden. Es ist deshalb notwendig, daß nach reproduzierbaren Kriterien eindeutig klassifizierte links- und rechtshändige Probanden eingesetzt werden.

Für die Klassifikation wird die nachfolgend wiedergegebene, aus arbeitswissenschaftlicher Sicht relevante, präferenzorientierte Definition der Händigkeit zugrundegelegt:

Die Art und der Grad der Händigkeit einer Person wird daran gemessen, wie oft diese Person bei kulturell nicht beeinflußten Tätigkeiten eine Hand bevorzugt.

Somit ist z. B. in erster Linie wichtig, mit welcher Hand ein Werkzeug benutzt wird und erst in zweiter Linie, ob diese Hand dann auch die leistungsstärkere ist. Man kann davon ausgehen, daß eine Person intuitiv mit der dominanten, d. h. der bevorzugten Hand arbeitet und nicht erst nach einer Überlegungsphase sich für die eventuell leistungsfähigere andere Hand entscheidet.

Mit der nachfolgend beschriebenen Vorgehensweise zur Probandenauswahl ist es möglich, bei Untersuchungen zur Händigkeitsproblematik vergleichbare und reproduzierbare Ergebnisse zu erhalten, da die Probanden eindeutig klassifiziert werden (SCHMAUDER und SOLF 1991). Der Vorteil liegt darin, daß die zwei Konstrukte der Händigkeit – die Hand-Präferenz und die Hand-Performanz – nicht vermischt, sondern nacheinander jeweils für sich betrachtet werden. Das Ziel dieser in Bild 5 dargestellten Vorgehensweise besteht darin, daß es mit den ausgewählten Probanden möglich ist, Effekte festzustellen, die tatsächlich aufgrund der Händigkeit und nicht aufgrund von anderen Unterschieden zwischen den Probanden auftreten. Die Probanden sollen sich deshalb – bis auf die Händigkeit und das Geschlecht – bezüglich der personenbezogenen Faktoren ähnlich sein.

Nach der Bildung eines Versuchspersonenpools anhand des Kriteriums der möglichst konstanten personenbezogenen Faktoren (z. B. Alter, Trainingsgrad), werden die Probanden für die Untersuchungen mit Hilfe eines Präferenz-Tests ausgewählt. Mit dem in Bild 6 gezeigten Fragebogen zum Handgebrauch wird der Präferenzquotient ermittelt. Für die Versuche eignen sich nur stark lateralisierte Probanden. Es wird deshalb in Anlehnung an NUTZHORN (1953) festgelegt, daß nur Probanden mit einem Präferenzquotienten von ≥ +80 oder ≤ −80 aufgenommen werden. Durch diesen Test ist sichergestellt, daß die Versuchspersonen im Sinne der zugrundegelegten Definition der Händigkeit eindeutig rechts- oder linkshändig sind.

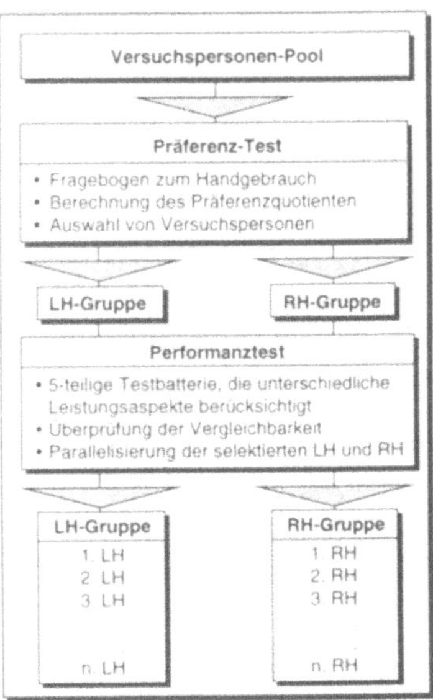

Bild 5 **Vorgehensweise zur Probandenauswahl für Untersuchungen zur Händigkeitsproblematik**

Im nächsten Schritt wird durch die Performanz-Tests (s. Bild 7) festgestellt, ob alle Probanden bezüglich ihrer Leistungsfähigkeit vergleichbar sind. Dabei kann auch die Rangfolge der Probanden untereinander ermittelt werden. In den fünf Subtests werden unterschiedliche Leistungsgesichtspunkte betrachtet, die ungewichtet zu einem Performanzwert zusammengefaßt werden.

Nach dieser Vorarbeit können die entsprechenden Versuche durchgeführt werden. Einer allgemeinen Versuchsauswertung kann sich ein direkter Rechts-Links-Vergleich anschließen.

5.1 Anforderungen an die Testverfahren bei der Probandenklassifikation

Aus der Literatur ist eine Vielzahl verschiedener – jedoch im Prinzip ähnlicher – Testverfahren zur Händigkeit bekannt. Die Testverfahren wurden jeweils zu bestimmten Fragestellungen entwickelt, welche sich nur zum Teil mit arbeitswissenschaftlichen Themen beschäftigen. Hauptkritikpunkte an diesen Testverfahren sind:

- Es wurde in Fragebögen nach der Ausführungshand bei Tätigkeiten gefragt, die einem gesellschaftlich-kulturellen Einfluß unterliegen, oder die durch individuelle Trainingseffekte keine Vergleiche zulassen.
- Es wurden die Konstrukte Handpräferenz und Handperformanz vermischt.
- Es bestand oft eine Zielgruppeneinschränkung (Kinder, Kranke, etc.).

Für eine methodisch saubere Probanden-Klassifikation müssen deshalb folgende Punkte beachtet werden (SCHMAUDER 1991):

1. Es gibt zwei korrelierende (r = 0,6), aber zu unterscheidende Aspekte der Händigkeit:
   - Handpräferenz (Handbevorzugung) und
   - Handperformanz (Handleistungsfähigkeit).

2. Die unter 1. genannten Händigkeitsaspekte führen in der Bevölkerung zu unterschiedlichen Verteilungsformen. Diese unterschiedlichen Verteilungsformen lassen es wenig sinnvoll erscheinen, einen aus beiden Händigkeitsaspekten kombinierten Kennwert der Händigkeit zu bilden.

3. Bei der Erfassung der Handpräferenz durch einen Fragebogen muß folgendes beachtet werden:
   - Verwendung von validierten Fragen, d. h. es muß eine große Übereinstimmung zwischen der Fragebogen-Antwort und der tatsächlichen Ausführung der Tätigkeit bestehen.
   - Verwendung von reliablen Fragen.
   - Verwendung von Fragen nach kulturell nicht beeinflußten Tätigkeiten.

4. Bei der Erfassung der Handperformanz muß folgendes beachtet werden:
   - Es müssen einfache, grundlegende Aufgaben gestellt werden, die jeweils verschiedene Tätigkeitsaspekte bzw. Leistungsdimensionen erfassen.
   - Es müssen Aufgaben gestellt werden, die für die Probanden relativ unbekannt sind. Damit ist sichergestellt, daß keine Leistungsverzerrungen aufgrund von Vorkenntnissen der Probanden auftreten.

5.2 Handpräferenz-Testung

Die spontane Bevorzugung einer Hand bei bestimmten Tätigkeiten läßt sich nicht allein mit einem unterschiedlichen Leistungsvermögen der beiden Hände erklären. Wie schon in Abschnitt 3.3.8 erläutert wurde, ist der Zusammenhang zwischen der Bevorzugung einer Hand und deren Leistungsfähigkeit relativ gering. Es kann demzufolge nicht davon ausgegangen werden, daß eine Person, die eine bestimmte Tätigkeit auszuführen hat, bei der Auswahl der einzusetzenden Hand ausschließlich objektive Kriterien berücksichtigt, wie zum Beispiel Kraft, Ausdauer, Geschicklichkeit oder auch die Position eines zu bedienenden Stellteiles relativ zur Median-Ebene des Körpers. Vielmehr fließen eine Vielzahl von subjektiven Kriterien, die ihren Ursprung in kulturellen Normen haben und durch die Sozialisation (Erziehung, Schule, Sport, Arbeit) von jedem Individuum übernommen wurden, bei der Wahl der Hand mit ein.

Die Erfassung eben dieses subjektiven Aspektes der Händigkeit ist im Rahmen einer arbeitswissenschaftlichen Fragestellung unabdingbar, da eine ergonomische Optimierung von Arbeitsmitteln nicht allein danach ausgerichtet werden kann, welche Hand leistungsmäßig überlegen ist. Aufgrund der Vielzahl der Menschen, bei denen die Handpräferenz nicht mit den Handperformanz-Verhältnissen übereinstimmt, muß davon ausgegangen werden, daß dem einzelnen ein eventueller Leistungsvorteil seiner ›ungewohnten‹ Hand nicht bewußt ist, was zu einer Vernachlässigung der objektiv überlegenen Hand zugunsten der ›gewohnten‹ bzw. präferierten Hand führt. Bei der Erstellung eines eigenen, einfach handhabbaren Fragebogens zur Handpräferenz-Testung dienten die Ergebnisse einer Meta-Analyse von PORAC und COREN (1981) über die Gesamtheit der in den bisher bekannten Fragebögen enthaltenen Fragen als sinnvolle Orientierungshilfe. Diejenigen Fragen, die in der Meta-Analyse am besten abschnitten, wurden für einen Fragebogen zur Handpräferenz-Testung verwendet. Dieser Fragebogen wurde in einer bei SCHMAUDER und SOLF (1992a) dokumentierten explorativen Fragebogenstudie validiert. Die dabei erzielten Ergebnisse stehen im Einklang mit der typischen ›J‹-förmigen Verteilungsform der Handpräferenz.

Im Unterschied zu herkömmlichen Fragebögen wurde bei der Konstruktion des vorliegenden Fragebogens versucht, typische Probleme bei der Handpräferenz-Testung zu umgehen. Es wurden zwei Kontroll-Fragen (Frage 8 und Frage 14) eingefügt, die auf den Gebrauch der nichtpräferierten Hand abzielen, indem nach der Haltehand und nicht nach der ausführenden Hand gefragt wurde. Durch diese Maßnahme wird eine Erhöhung der Aufmerksamkeit bei der Beantwortung des Fragebogens erreicht. Bei der Auswertung werden die Fragen 8 und 14 deshalb nicht berücksichtigt. Die in vielen Händigkeitsuntersuchungen als Hauptindikator der Händigkeit benutzte Frage nach der Schreibhand wurde zwar beibehalten, wird aber aus nachfolgenden Gründen nicht in die Bewertung miteinbezogen.

Probleme bei der Verwendung der Frage nach der Schreibhand bei Präferenz-Fragebögen:

1. Geringe Korrelation mit anderen Händigkeitsfragen,
2. sehr geringe Korrelation mit physiologischen Lateralitätsmaßen und
3. starke Kultur- und Übungsabhängigkeit.

Es wurde letztendlich nur nach Tätigkeiten gefragt, bei denen die zu benutzende Hand nicht durch Erziehungseinflüsse festgelegt ist. Der neuentwickelte Fragebogen ist im oberen Teil von Bild 6 dargestellt.

Fragen zum Handgebrauch:

	linke Hand	beide Hände	rechte Hand
1. Mit welcher Hand schreiben Sie?			
2. Mit welcher Hand zeichnen Sie?			
3. Mit welcher Hand würden Sie einen Ball nach einem Ziel werfen?			
4. Mit welcher Hand benutzen Sie einen Flaschenöffner?			
5. Mit welcher Hand benutzen Sie einen Schraubenzieher?			
6. Mit welcher Hand benutzen Sie einen Hammer?			
7. Mit welcher Hand radieren Sie etwas aus?			
8. Mit welcher Hand halten Sie eine Tasse beim Umrühren?			
9. Mit welcher Hand führen Sie einen Faden durch ein Nadelöhr?			
10. Mit welcher Hand halten Sie ein Streichholz beim Anzünden?			
11. Mit welcher Hand halten Sie einen Teelöffel beim Umrühren?			
12. Mit welcher Hand bedienen Sie einen Taschenrechner?			
13. Mit welcher Hand halten Sie die Zahnbürste beim Zähneputzen?			
14. Mit welcher Hand halten Sie eine Flasche beim Öffnen?			

Bitte ankreuzen!

Auswertung:

$$PQ = \frac{N_{re} - N_{li}}{N_{re} + N_{li} + N_b} \times 100$$

PQ -100 ——————— PQ +100

extremer LH ——————— extremer RH

PQ : Präferenzquotient
N_{re} : Anzahl der mit der rechten Hand ausgeführten Tätigkeiten
N_{li} : Anzahl der mit der linken Hand ausgeführten Tätigkeiten
N_b : Anzahl der mit beiden Händen ausgeführten Tätigkeiten

Hinweis:
Fragen 1, 8 und 14 nicht in die Auswertung aufnehmen!

Bild 6 **Fragebogen zur Handpräferenzbestimmung**

Im unteren Teil von Bild 6 ist die Formel des mit diesem Fragebogen ermittelbaren Präferenzquotienten angegeben.

5.3 Handperformanzbestimmung

Die Untersuchung von Leistungsunterschieden zwischen rechter und linker Hand bei verschiedenen Tätigkeiten gehört ebenso wie die Feststellung der Handpräferenz zum Standardrepertoire der Händigkeits-Klassifikation. Die Handperformanz wird dabei gegenüber der eindimensionalen Handpräferenz als mehrdimensional betrachtet. Die Mehrdimensionalität der Handperformanz äußert sich darin, daß je nach Aufgabenart einmal die rechte und einmal die linke Hand eine Leistungsüberlegenheit aufweisen kann. Daraus läßt sich ableiten, daß es hier bei der Einstufung von Probanden auf einem Händigkeitskontinuum natürliche Grenzen und somit auch Probleme gibt.

Die Schwierigkeit der Händigkeitsbestimmung mit Hilfe von Performanz-Tests wird auch durch die Tabellen 3 und 4 klar, in denen die Übereinstimmung zwischen unterschiedlichen Performanz-Tests (Tabelle 3), bzw. zwischen Performanz- und Präferenz-Tests (Tabelle 4), durch Prozentangaben belegt wird.

Tabelle 3 **Prozentuale Übereinstimmung zwischen unterschiedlichen Performanz-Tests** (nach PORAC und COREN 1981)

		H.	Tr.	F.	Ta.	W.
Handkraft	(H.)		54 %	62 %	62 %	63 %
Tremor (Zitter)-Test	(Tr.)	54 %		58 %	62 %	
Feinmotorik-Test (O'Connor)	(F.)	62 %	58 %		64 %	
Tapping	(Ta.)	62 %	62 %	64 %		
Wurfgenauigkeit	(W.)	63 %				

Tabelle 4 **Prozentuale Übereinstimmung zwischen Performanz- und Präferenz-Tests** (nach PORAC und COREN 1981)

Leistungstest	Übereinstimmung mit der Präferenzklassifikation
Handkraft	59 %
Tremor (Zitter)-Test	85 %
Feinmotorik-Test (O'Connor)	74 %
Wurfgenauigkeit	60 %
Tapping	80 %
Scherenschnittgenauigkeit	78 %
Spurführungsgenauigkeit	71 %
Zielgenauigkeit	79 %
Durchschnitt	*74 %*

Im Rahmen der zu untersuchenden Fragestellungen ist es deshalb wenig sinnvoll, die einzelnen Probanden anhand ihres Leistungskennwertes innerhalb eines eng umgrenzten Gebietes, wie zum Beispiel bei feiner Greiftätigkeit oder isometrischer Maximalkraft, nach ihrer Händigkeit zu klassifizieren. Gleichzeitig ist die naheliegende Alternative untauglich, mehrere Leistungskennwerte aus verschiedenen Tätigkeitsbereichen zu einem Händigkeitskennwert zu verrechnen, da hier das Problem der Gewichtung der einzelnen Gebiete auftritt. Vielmehr muß eine Performanz-Testung dazu benutzt werden, Probanden nach verschiedenen Geschicklichkeits- bzw. Leistungsmaßen, die innerhalb von verschiedenen grundlegenden Tätigkeitsbereichen erzielt wurden, einzustufen. Dazu sollten die Probanden schon in einem ersten Schritt aufgrund der ›Präferenz‹ in Rechts- und Linkshänder unterteilt sein.

Der Sinn der Performanz-Testung in der Probanden-Klassifikationsphase liegt in der Identifikation von ›leistungsähnlichen‹ Links- und Rechtshändern. Es sollen in den später durchzuführenden Versuchen Leistungsunterschiede festgestellt werden, die aufgrund der Händigkeit bestehen und nicht aufgrund sonstiger Einflüsse. Bei Bedarf soll es auch möglich sein, den leistungsstärksten linkshändigen Probanden mit dem leistungsstärksten rechtshändigen Probanden, den zweitstärksten mit dem zweitstärksten usw. zu vergleichen. Hierbei sollen keine Störgrößen den eigentlichen Effekt der Händigkeit auf die Arbeitsmittelhandhabung verringern. Die mögliche Auswirkung einer solchen Störgröße würde in einem Vergleich eines sehr geschickten Linkshänders mit einem ungeschickten Rechtshänder an einem für Rechtshänder optimierten Stellteil deutlich werden. Hier würde die Leistungsdifferenz, die auf die unterschiedliche Händigkeit zurückgeführt werden könnte, durch den großen Geschicklichkeitsunterschied zwischen den Probanden künstlich reduziert. Aus diesem Grund ist eine ›Normierung‹ der Probanden hinsichtlich ihrer Performanz notwendig.

Aus der Vielzahl der veröffentlichten ›Motor-Performanz-Tests‹ (BOROD u. a. 1984; PROVINS und CUNLIFFE 1972) sowie aus der Zusammenstellung verschiedener ›Proficiency-Tests‹ (PORAC und COREN 1981) ergibt sich die Möglichkeit, nach themenbezogenen Kriterien geeignete Testverfahren auszuwählen.

Folgende Bedingungen und Auswahlkriterien werden an die einzelnen Subtests eines umfassenden Performanz-Tests gestellt:

- Abdeckung verschiedener grundlegender Tätigkeitsbereiche, wie zum Beispiel Montagearbeiten, etc.;
- Abdeckung verschiedener Leistungsaspekte, wie zum Beispiel Kraft, Ausdauer, Geschwindigkeit, Geschicklichkeit, etc.;
- Abdeckung verschiedener Bewegungsarten, wie zum Beispiel Fein- und Grobmotorik, ballistische Bewegungen, etc.;
- Ungewohnte Testaufgaben;
- Geringer Testaufwand.

Für die Probanden-Klassifikation wurde die in Bild 7 gezeigte Testbatterie aus fünf Einzeltests anhand der vorgenannten Kriterien zusammengestellt.

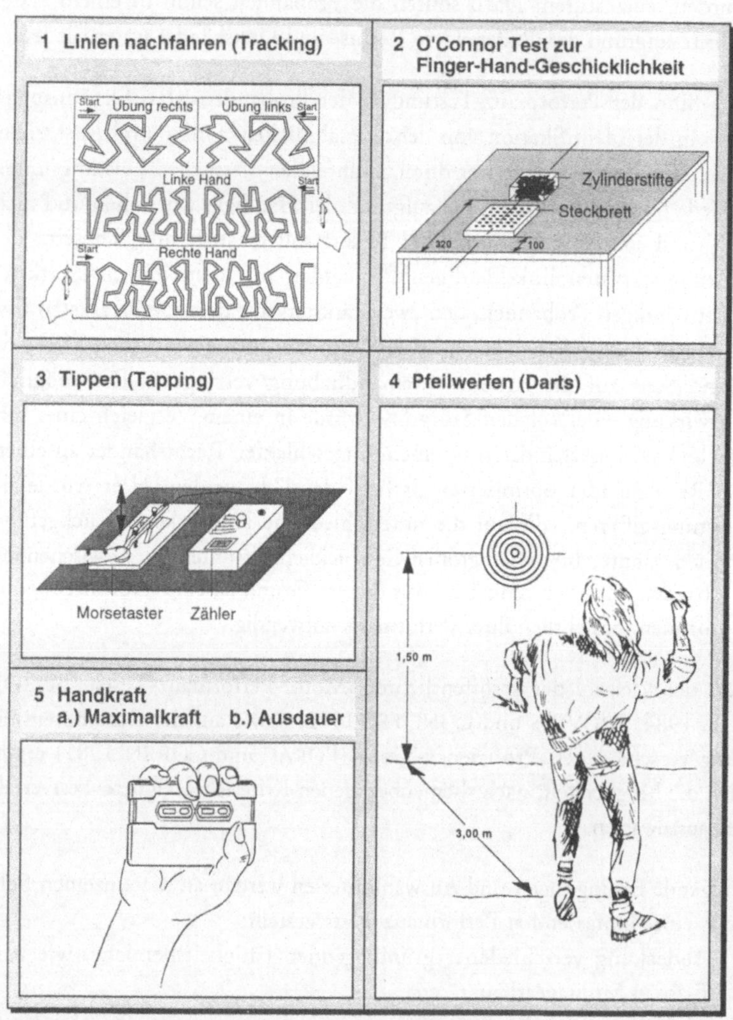

Bild 7 **Performanz-Testbatterie zur Klassifikation von Probanden für Untersuchungen zur Händigkeitsproblematik**

In der nachfolgenden Tabelle 5 sind die jeweiligen Testgrundlagen angegeben.

Tabelle 5 **Grundlagen zur Performanz-Testbatterie**

Test	Name	Quelle	Testaufgabe
1	Linien nachfahren	STEINGRÜBER (1971 a, 1971b)	Test zur kontinuierlichen, feinen Auge-Hand Koordination.
2	Handgeschicklichkeitstest nach O'Connor	RUTENFRANZ u. a. (1962); FLEISHMANN u. a. (1962)	Test zur temporalen Organisation von muskulärer Arbeit (Feinmotoriktest).
3	Tapping	STEINGRÜBER (1971 a, 1971b)	Test zur Wechselgeschwindigkeit zwischen antagonistischen Muskelgruppen des Unterarm-, Hand- und Fingerbereichs.
4	Darts (Pfeilwerfen)	PROVINS und CUNLIFFE (1972)	Test zur Programmierung einer ballistischen Bewegung.
5	Handkraft	PROVINS und CUNLIFFE (1972)	Test zur Diskrimination, Selektion und Kontraktion der Muskeln bei der Finger-Flexion und zur Ausdauer.

Eine nähere Beschreibung der Tests ist in SCHMAUDER und SOLF (1992a) enthalten. Um Transfereffekte zu unterbinden, muß die gesamte fünfteilige Testbatterie immer in der gleichen Reihenfolge durchgeführt werden. Jedem Subtest geht eine Übungsphase voraus. Nach einer Pause folgt dann der eigentliche Versuch. Der Proband erhält während der Versuche keine Informationen über seine Leistungen.

5.4 Probandenkollektiv

Entsprechend der vorgestellten Systematik wurden die Probanden für die nachfolgend in den Kapiteln 6 und 7 beschriebenen Versuche ausgewählt. Da der Zusammenhang zwischen Händigkeit und Geschlecht nicht eindeutig geklärt ist, war es notwendig, jeweils eine Frauen- und eine Männergruppe zu bilden. Im Hinblick auf die Ziele

- hohes Signifikanzniveau der Versuchsergebnisse und
- Durchführungsaufwand

wurde für jede Gruppe eine Anzahl von fünf Probanden festgelegt. MAINZER (1982) schlägt für dynamometrische Untersuchungen auf der Basis von 10 % Streuung und einer Aussagesicherheit von p = 0,95 ein Kollektiv von 8–10 Probanden vor. POULTON (1974) hält bei Regelaufgaben 6 Probanden für ausreichend. Es wurde demzufolge mit der für diese Art von Versuchen mehr als ausreichend großen Zahl von 20 (2 x 10) Probanden gearbeitet. Die Probanden waren fast ausschließlich Studenten im Alter von 21–32 Jahren; sie wurden für ihre Tätigkeit entlohnt. Bedingt durch das Ziel der Untersuchung konnte eine sehr hohe Motivation, sowohl bei den anstrengenden Kraft-Experimenten als auch bei den langwierigen Trackingaufgaben, festgestellt werden. Die Probanden wurden über Aushänge an der Universität Stuttgart gesucht. Es ergab sich ein Pool von 22 rechtshändigen und 35 linkshändigen Probanden. Sie wurden mit dem beschriebenen Präferenzklassifikationsbogen getestet.

Ausgewählt wurden 20 deutsche Probanden mit einem Präferenzquotienten ≤ –80 bzw. ≥ +80. Personen mit Armverletzungen oder mit Leistungsverzerrungen durch Kraftsportarten wurden ausgeschlossen. Bei allen Probanden wurde mit einem Sehtest-Gerät eine ausreichende Sehschärfe (im Hinblick auf den Trackingversuch) festgestellt. Die Überprüfung der Vergleichbarkeit bezüglich den Performanzwerten zwischen den beiden Männer- bzw. Frauengruppen ergab keine signifikanten Unterschiede.

Neben den wichtigen Maßen, wie Schulterbreite, Armlänge und Schulterhöhe, sind auch die Körperhöhe und -masse von Interesse. Die anthropometrischen Daten der Probanden wurden nach DIN 33 402 ermittelt und sind im Anhang (Bild 34) enthalten. Auch die Ergebnisse der Präferenz- und Performanztestung werden im Anhang dokumentiert (Bild 35, 36).

6 Untersuchung der maximalen Stellungskräfte

Bereits in den 60er-Jahren beschäftigte sich ROHMERT (1966) in einer großangelegten Studie mit der Bestimmung der Maximalkräfte von Männern im Bewegungsraum der Arme. Die damals gewonnenen Ergebnisse – sie fanden ihren Niederschlag u. a. in der DIN 33 411 – werden bis heute zur ergonomischen Gestaltung von Arbeitsplätzen, an denen Körperkräfte eingesetzt werden, herangezogen. Allerdings spielte bei dieser und auch bei neueren Untersuchungen (ROHMERT u. a. 1992, RÜHMANN und SCHMIDTKE, 1992) der Händigkeitsaspekt keine zentrale Rolle, so daß nun bezüglich der Verwendbarkeit dieser Werte nachfolgende Fragen von Bedeutung sind:

- Wie groß sind die relativen Unterschiede der statischen Aktionskräfte zwischen dem rechtem und linken Hand-Arm-System bei rechts- und linkshändigen Frauen und Männern?
- Falls Kraft-Unterschiede zwischen linkem und rechtem Arm beobachtet werden: Sind diese Unterschiede abhängig von der Position des Kraftangriffspunktes und/oder der Richtung der aufgebrachten Kraft?

6.1 Versuchsaufbau

Bei dieser Untersuchung ging es bei den durchzuführenden Messungen nicht um eine Überprüfung der in der Literatur tabellierten Werte, sondern um eine möglichst exakte Bestimmung der Unterschiede der maximalen Stellungskräfte zwischen linkem und rechtem Arm. Da die Körperposition relativ zum Kraftangriffspunkt einen Einfluß auf die Größe der ausübbaren Kraft hat, muß durch entsprechende Maßnahmen dafür Sorge getragen werden, daß gerade bei vergleichenden Messungen tatsächlich auch vergleichbare Verhältnisse herrschen. Aus diesem Grund wurden alle Messungen im Sitzen durchgeführt, eine Körperfixierung mittels eines Hosenträgergurtes sorgte für die Einhaltung einer definierten Körperposition der Probanden zur Meßeinrichtung und damit für ein Höchstmaß an Reproduzierbarkeit (vgl. Bild 8). Die Fußstellung wurde konstant gehalten.

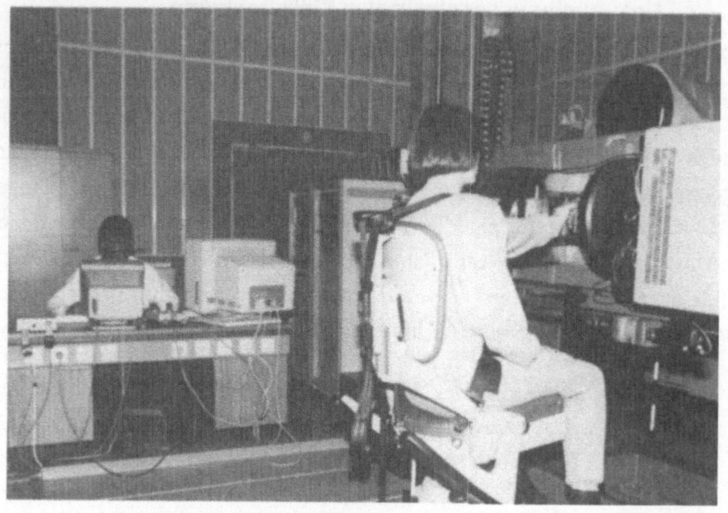

Bild 8 **Versuchsstand zur Ermittlung maximaler Stellungskräfte**

In vier unterschiedlichen Positionen wurden jeweils die Kräfte in vier verschiedenen Richtungen gemessen. Vertikale und horizontale Zug- und Druckkräfte sind vom arbeitenden Menschen in der Praxis häufig aufzubringen und können mit hoher Reproduzierbarkeit exakt gemessen werden. Repräsentative Kraftangriffspunkte liegen in der Regel im Bereich von Armreichweiten zwischen 75 und 100 %, Höhenwinkeln zwischen 0 und +30° nach oben und einem Seitenwinkel von 0° (BANDERA u. a. 1986). Das Bild 9 zeigt die unterschiedlichen, nach diesen Kriterien gewählten Meßpositionen.

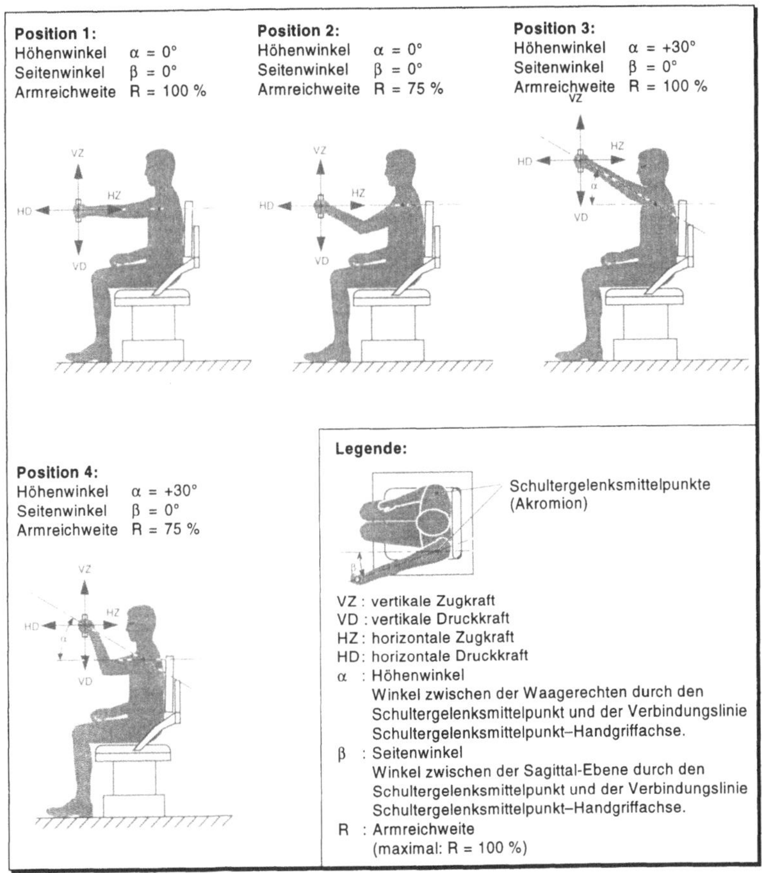

Bild 9 **Raumlagen der Kraftangriffspunkte**
(dargestellt für das linke Hand-Arm-System)

Durchgeführt wurden die Versuche im eigens für derartige Anwendungen konzipierten und ausgerüsteten Kraftmeßlabor des Fraunhofer-Instituts für Arbeitswirtschaft und Organisation. Dort steht mit der MUSA (Meß- und Simulationseinrichtung zur Arbeitsgestaltung) ein vielseitiger Meßstand zur Verfügung. Durch das Verfahren seiner vier Achsen mittels eines Steuerprogramms kann die Position des Handgriffs probandenspezifisch entsprechend den anthropometrischen Gegebenheiten reproduzierbar eingestellt werden.

Der Stuhl, auf dem die Probanden Platz zu nehmen hatten, verfügt ebenfalls über umfangreiche Verstellmöglichkeiten. Für die Kraftmessungen mußten seine axiale Position und die Höhe der Rückenlehne probandenspezifisch variiert werden. Alle weiteren Anpassungen an die individuellen anthropometrischen Gegebenheiten erfolgten durch entsprechendes Verfahren der MUSA. Sechs piezoelektrische Geber (s. Bild 10) dienen als Meßaufnehmer. Diese erzeugen Ladungen, die der Krafteinwirkung, beziehungsweise der daraus resultierenden (mikroskopisch kleinen) Deformation, direkt proportional sind.

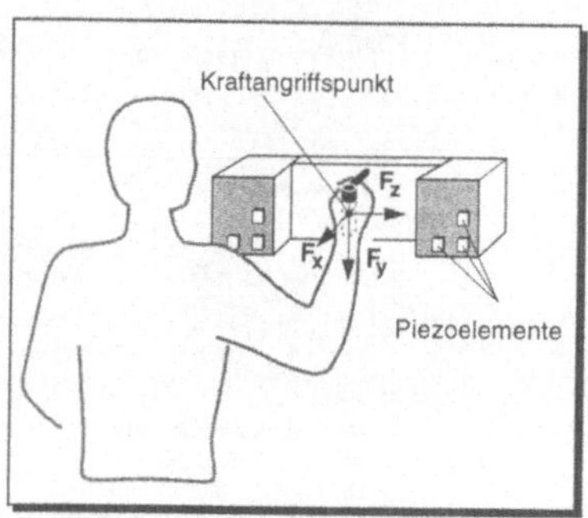

Bild 10 **Prinzipbild des verwendeten Meßwertaufnehmers**

Als Schnittstelle zwischen Proband und Meßwertaufnehmer wurde ein für diese Art von Untersuchung als optimal geltender, vertikal stehender Kunststoffgriff verwendet, der einen Durchmesser von 32 mm und eine Länge von 150 mm aufweist (BANDERA u. a. 1986). Bild 10 zeigt das Prinzipbild des verwendeten Meßaufnehmers. Für die Versuchsparameter Horizontalzug und -druck in der x-Richtung ergab sich damit ›Formschluß‹ zwischen Griff und Hand. Bei Vertikalzug und -druck in der y-Richtung ›Reibschluß‹. Damit bleibt in beiden Kraftrichtungen die Stellung des Hand-Arm-Aystems gleich. Ein Einfluß der unterschiedlichen Kopplungsbedingungen auf die aufbringbare Kraft konnte in Vorversuchen nicht nachgewiesen werden.

6.2 Versuchsplan

Jeder Proband hatte 64 Messungen zu absolvieren. Somit mußten 1 280 Ergebnisse erfaßt und abgespeichert werden. Der entsprechende Versuchsplan ist in Bild 11 dargestellt.

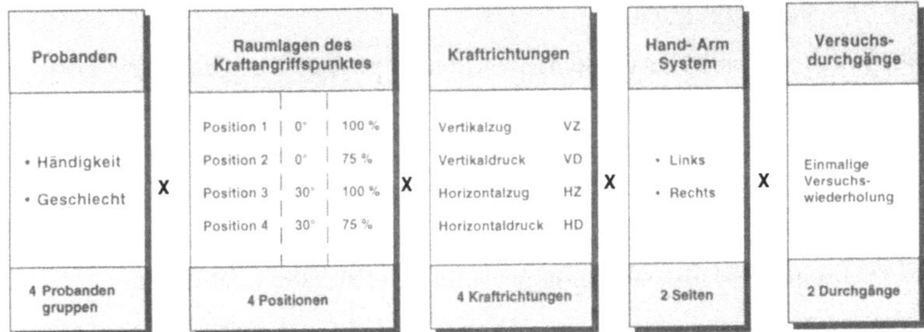

Bild 11 **Versuchsplan zur vergleichenden Ermittlung der maximalen Stellungskräfte**

Für die Übermittlung des Startsignals und anderer Steuergrößen, das Einlesen der Abtastwerte und die graphische Umsetzung der aktuellen Ergebnisse diente ein eigens für die Durchführung von Kraftmessungen konzipiertes Computerprogramm, das darüber hinaus auch eine sehr differenzierte Versuchsplanung ermöglichte (s. BANDERA 1986). Das Meßsignal wurde vom Meßgeber (Piezoelement) ausgehend durch einen Ladungsverstärker verstärkt, bis es über einen Multiplexer und einen Analog/Digital-Wandler sowie einen Datenpuffer den Laborrechner mit Gerätetreiber erreichte.

Bei der Eingabe der versuchsreihenspezifischen Daten erfolgte die Festlegung des Randomisierungsgrades. Wenngleich eine Teilrandomisierung der Versuchsreihenfolge in der Regel eine erhebliche Vereinfachung darstellt – die Zahl von (zeitaufwendigen) Neueinstellungen des Versuchsstandes lassen sich beispielsweise drastisch reduzieren – wurde für die Messung der maximalen Stellungskräfte eine Vollrandomisierung gewählt. Jeder der 20 Probanden führte die 64 zu absolvierenden Versuche in einer anderen, vom Programm mittels Zufallszahlen gefundenen Reihenfolge aus. Nur diese Vorgehensweise schließt eine Beeinflussung der Ergebnisse durch stets an ähnlichen Stellen innerhalb der Versuchsreihe auftretende Trainings- oder Ermüdungseffekte zuverlässig aus. Einziges Zugeständnis an die Versuchsökonomie – und auch vom Programm nicht anders vorgesehen (vgl. Abschnitt 4.2) – waren die beiden jeweils unmittelbar aufeinanderfolgenden Teilversuche (Erst- und Wiederholversuch).

6.3 Versuchsablauf

Nach mehreren Übungsversuchen wurde der probandenspezifische Versuchsplan abgearbeitet. Erholzeiten ergaben sich zwangsläufig durch die jeweilige versuchsspezifische Einstellung des Meßstandes. Nach jedem Versuch konnte der Versuchsleiter anhand der vom Programm ausgegebenen Darstellung der Signalverläufe und Meßergebnisse (vgl. Bild 12) entscheiden, ob der gerade durchgeführte Versuch als gültig gewertet werden kann oder nicht.

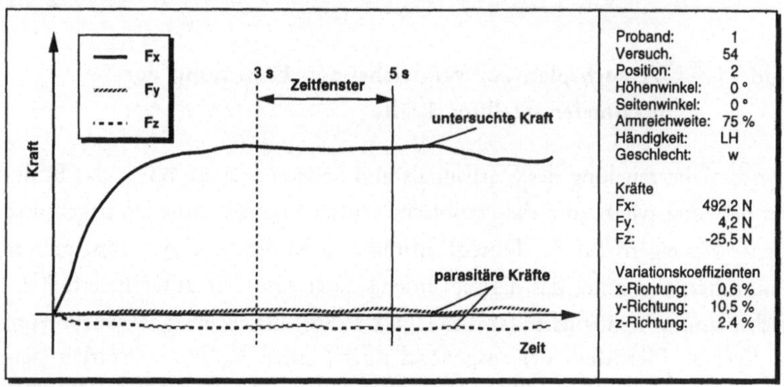

Bild 12 **Beispiel eines ›guten‹ Versuchs**

Maßgebende Entscheidungskriterien dafür waren die Größe der parasitären Kräfte sowie der Variationskoeffizient (VK) der betrachteten Kraft. Der Variationskoeffizient ist ein Maß für die Abweichung der Meßwerte vom Mittelwert (Verhältnis der Standardabweichung zum Mittelwert in %) und damit für die Konstanz des Kraftverlaufs im betrachteten Zeitfenster. Bei einem VK > 5 % wurde ein Versuch für ungültig erklärt, in der Regel wurden jedoch ähnlich wie bei anderen Kraftmessungen Werte von 2 % nicht überschritten. Die parasitären Kräfte durften maximal 10 % der untersuchten Kraft betragen.

Wie auf Bild 12 zu erkennen ist, dauerte jeder Versuch mindestens 5 Sekunden. Beginn und Ende eines Versuches wurden den Probanden über eine Leuchtanzeige signalisiert. Für die Berechnung der Mittelwerte wurden die ersten drei Sekunden nicht berücksichtigt. Eine Beeinflussung der Ergebnisse durch die unvermeidliche Anstiegsflanke konnte somit ausgeschlossen werden.

6.4 Versuchsergebnisse

Zur Ermittlung der Kraftunterschiede wurden die absoluten Kräfte gemessen. Diese Ergebnisse sind im Anhang (s. Bilder 40–43) enthalten und werden hier nicht weiter vertieft, da primär die Kraftunterschiede im Vordergrund stehen sollen.

In Bild 13 wird die Struktur der Auswertung des Kraftmeßversuchs dargestellt.

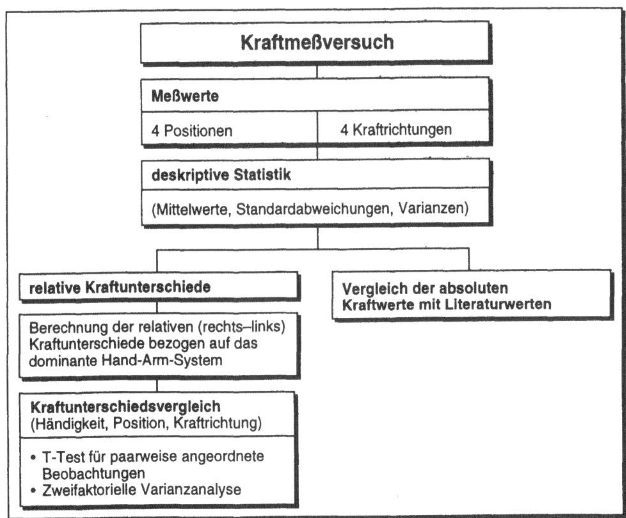

Bild 13 **Struktur der Auswertung des Kraftmeßversuchs**

Tabelle 6 enthält für jede der vier Probandengruppen die auf das dominante Hand-Arm-System bezogenen prozentualen Unterschiede der maximalen Stellungskräfte, getrennt für jede der 16 Raumposition-Kraftrichtungskombinationen.

Tabelle 6 **Mittelwerte beider Versuchsdurchgänge der relativen Kraftunterschiede zwischen dem linken und rechten Hand-Arm-System, jeweils bezogen auf das dominante Hand-Arm-System (in %)**

Probandengruppe		Position 1 (a = 0°, R = 100 %)			
Händigkeit	Geschlecht	VZ	VD	HZ	HD
LH	w	15,51	-10,52	-3,56	2,00
LH	m	-4,23	2,39	-1,67	12,48
RH	w	-6,44	-8,14	-1,06	-0,59
RH	m	-13,70	4,34	-12,58	-9,40
		Position 2 (a = 0°, R = 75 %)			
		VZ	VD	HZ	HD
LH	w	5,51	-6,95	-11,42	16,90
LH	m	17,11	-9,75	-21,43	-10,02
RH	w	-1,41	1,98	-6,59	4,81
RH	m	-5,95	-19,25	7,82	-1,81
		Position 3 (a = +30°, R = 100 %)			
		VZ	VD	HZ	HD
LH	w	9,85	10,07	-6,55	17,78
LH	m	1,28	-9,20	15,57	-0,71
RH	w	2,58	-5,84	-11,31	-8,52
RH	w	-2,20	-22,05	-11,85	-16,62
		Position 4 (a = +30°, R = 75 %)			
		VZ	VD	HZ	HD
LH	w	-10,79	11,06	12,65	4,90
LH	m	2,56	11,40	-9,21	12,97
RH	w	-17,46	-4,68	-9,64	0,21
RH	m	-18,27	-2,73	-24,04	-0,47

Zur Handhabung der umfangreichen Daten und zur Durchführung der erforderlichen statistischen Berechnungen diente das Statistikprogramm SPSSx (s. SCHUBÖ und UEHLINGER 1984).

Bei den beiden rechtshändigen Probandengruppen ist eine klare kräftemäßige Überlegenheit des dominanten Hand-Arm-Systems zu erkennen, wobei diese bei den männlichen Probanden noch deutlicher ausfällt als bei den weiblichen. Die Anwendung des T-Tests für paarweise angeordnete Beobachtungen ergab eine Signifikanz dieser Ergebnisse auf dem 99 %-Wahrscheinlichkeitsniveau.

Etwas überraschend ist die Tatsache, daß die linkshändigen Probanden in ihrem dominanten Hand-Arm-System kein größeres Kraftvermögen haben als in ihrem subdominanten. Im Gegenteil, die linkshändigen Probanden erzielten mit rechts insgesamt sogar geringfügig höhere maximale Stellungskräfte als mit links. Allerdings ließ sich eine Signifikanz dieser Unterschiede auf einem statistisch aussagekräftigen Niveau nicht nachweisen.

Da nach einer faktorenanalytischen Betrachtung keine Abhängigkeit der links/rechts Unterschiede von der Raumposition und/oder der Kraftrichtung deutlich wurde, kann davon ausgegangen werden, daß die Kraftunterschiede von diesen Parametern unabhängig sind, was für diesen Untersuchungsraum auch von ROHMERT u. a. (1992) bestätigt wurde. Aufgrund der Körperfixierung und der probandenspezifischen Einstellung des Versuchsstands kann ein Einfluß der Sitzposition auf die Ergebnisse ausgeschlossen werden.

Vergleich mit Literaturwerten

In der Literatur sind keine unter direkt vergleichbaren Umständen erfolgten Messungen der maximalen Stellungskräfte dokumentiert. Bei den für die DIN-Norm 33 411 maßgebenden Untersuchungen von ROHMERT (1966) sowie ROHMERT und JENIK (1972) wurden die maximalen Stellungskräfte aufrecht stehender Probanden gemessen. Es versteht sich, daß die auf diese Weise erzielbaren Werte deutlich unter denen liegen, die im Sitzen und mit Körperfixierung möglich sind. Auch SCHMIDTKE (1993) verweist auf keine vergleichbare Untersuchung. Eine Ermittlung der maximalen Stellungskräfte aufrecht stehender Probanden wurde in der vorliegenden Untersuchung nicht durchgeführt, da der Körper im Sitzen weniger Bewegungsmöglichkeiten hat und somit mehr Versuchsparameter konstant gehalten werden können, was bei diesen Vergleichsuntersuchungen notwendig war.

Am ehesten für vergleichende Zwecke geeignet erscheint die Untersuchung von HUNSICKER (1955), bei der die maximalen Stellungskräfte des linken und rechten Arms einer Probandengruppe von 55 Männern (über deren Händigkeit nichts ausgesagt wird) gemessen wurde. Dabei saßen die Probanden auf einem Stuhl und stützten die Füße ab; eine Körperfixierung gab es nicht.

Betrachtet man die horizontalen Druckkräfte der Hunsicker-Untersuchung – nur diese sind tatsächlich direkt mit den aktuellen Ergebnissen vergleichbar – als ›normal‹ an, so müssen beide männliche Probandengruppen als ›eher schwach‹ charakterisiert werden.

Diskussion der Ergebnisse

Die linkshändigen Probanden zeigten mit rechts etwas größere maximale Stellungskräfte als mit links, bei den Rechtshändern – und hier vor allem bei den Männern – ergab sich eine eindeutige kräftemäßige Unterlegenheit des subdominanten Hand-Arm-Systems. Eine Abhängigkeit der Kraftunterschiede von der Raumposition und/oder der Kraftrichtung wurde nicht festgestellt. In Tabelle 7 werden die Ergebnisse zusammengefaßt.

Tabelle 7 **Unterschiede bezüglich der maximalen Stellungskräfte in Abhängigkeit von Geschlecht und Händigkeit, bezogen auf das dominante Hand-Arm-System**

Händigkeit	Geschlecht	Kraftunterschied
LH	w	Rechts +3,5 % (nicht signifikant)
LH	m	Rechts +0,6 % (nicht signifikant)
RH	w	Links –4,5 % (signifikant)
RH	m	Links –9,3 % (signifikant)

Als wichtigstes Ergebnis der vorliegenden Untersuchung ergab sich bei beiden rechtshändigen Probandengruppen eine hochsignifikante (1 % Irrtumswahrscheinlichkeit) kräftemäßige Unterlegenheit ihres subdominanten Hand-Arm-Systems, die im Falle der Rechtshänderinnen –4,5 %, bei den Rechtshändern gar –9,3 % betrug.

Im Gegensatz dazu waren bei den linkshändigen Versuchspersonen Unterschiede der maximalen Stellungskräfte zwischen linkem und rechtem Hand-Arm-System kaum auszumachen. Zwar zeigte sich bei den Linkshänderinnen insgesamt eine leichte Überlegenheit des subdominanten rechten Armes (+3,5 %), eine Signifikanz dieser Differenz ließ sich aber ebensowenig nachweisen wie im Falle der Linkshänder, die mit beiden Armen praktisch gleiche maximale Stellungskräfte erzielten (+0,6 %).

Die zu Beginn des Kapitels gestellten Fragen lassen sich also wie folgt beantworten:

1. Bei linkshändigen Personen konnten keine signifikanten relativen Unterschiede der statische Aktionskräfte des Hand-Arm-Systems nachgewiesen werden. Rechtshändige Personen haben in ihrem linken Hand-Arm-System ein um durchschnittlich 4,5 % (Frauen) bzw. 9,3 % (Männer) geringeres Kraftvermögen.
2. Eine Abhängigkeit der beobachteten Kraftunterschiede zwischen linkem und rechtem Hand-Arm-System von der Position des Kraftangriffspunktes und/oder der Richtung der aufgebrachten Stellungskräfte ist nicht zu erkennen.

7 Untersuchung zur Anordnung von Stellteilen mittels Trackingversuchen

Gegenstand der nachfolgend beschriebenen Untersuchungen ist der Einfluß der Händigkeit auf die Regelleistung des Menschen mit unterschiedlichen Stellteilen (Form, Betätigungsart, Bewegungsart). Es soll festgestellt werden, ob sich durch die Anordnung von Stellteilen auf unterschiedlichen Positionen im kleinen Greifraum in der Horizontalebene Leistungsunterschiede ergeben.

7.1 Trackingexperimente mit Stellteilen

Bei Stellteilen wird zwischen Stellteilen für grobmotorische Stellaufgaben und Stellteilen für fein- bzw. sensumotorische (auch sensomotorische) Stellaufgaben unterschieden. Weiterhin wird zwischen kontinuierlichen und diskreten Stellaufgaben differenziert (MUNTZINGER 1986). Bei grobmotorischen Stellaufgaben (kontinuierlich und diskret) hängt nach MUNTZINGER (1986) die Aufgabenerfüllung in erster Linie von der aufbringbaren Stellkraft ab, die aus der maximalen Stellungskraft mit den bekannten Verfahren (s. BULLINGER 1993) für die unterschiedlichen Positionen im Raum abgeleitet werden kann. Die hierzu notwendigen Werte bezüglich des unterschiedlichen Kraftvermögens von links- und rechtshändigen Personen sind in Kapitel 6 beschrieben. Feinmotorische Stellaufgaben können ebenfalls in kontinuierliche und diskrete Aufgaben gegliedert werden. Bei kontinuierlichen, d. h. dynamischen Regelvorgängen entsteht nach JOHANNSEN (1993) beim Benutzer eine höhere motorische Beanspruchung als bei diskreten Regelvorgängen, was erwarten läßt, daß Unterschiede deutlicher hervortreten. Für die nachfolgend beschriebenen Untersuchungen sind deshalb Stellteile für kontinuierliche (dynamische), feinmotorische Stellaufgaben geeignet.

Die Auswahl der Stellteile erfolgte aufbauend auf die Vorarbeiten von MUNTZINGER (1986), der in einer Felderhebung Stellteilgruppen klassifiziert hat. Anhand der in Bild 14 in der Art eines morphologischen Kastens aufgelisteten Kriterienausprägungen wurden aus der Vielzahl der theoretisch verfügbaren Stellteile die Versuchsstellteile ausgewählt. Die Auswahl erfolgte unter Zuhilfenahme der entsprechenden Literaturquellen (AE 1990, BULLINGER und SOLF 1979, DIN 33401, BANDERA u. a. 1986, MUNTZINGER 1986, NEUDÖRFER 1981) durch eine Expertenrunde. Mitberücksichtigt wurde die Versuchsökonomie durch die Anzahl der auszuwählenden Stellteile.

Kriterium	Ausprägung		
Betätigungsart	Translation	Rotation	
Bewegungsrichtung/Drehachse	x	y	z
Greifart	Kontakt	Zufassung	Umfassung
Zugriff	Finger	Hand	
Fingereinsatz	statisch	dynamisch	
Kopplungsart	Formschluß	Reibschluß	
Kopplungstyp	einhändig	zweihändig	
Kopplungsform	invariant	variant	
möglicher Stellweg	groß	klein	

Expertenauswahl

Art, Form, Abmessung, Verwendungshäufigkeit, Aufgabenerfüllung

Auswahl

Versuchsstellteile

Bild 14: **Kriterien zur Auswahl repräsentativer Stellteile für feinmotorische, kontinuierliche Stellaufgaben im Hinblick auf die Versuchsparameter ›Position im kleinen Greifraum in der Horizontalebene› und ›Händigkeit‹**

Folgende Stellteile wurden ausgewählt (s. Bild 15 und Bild 16):

- Rotationssymmetrisches Stellteil für Drei-Finger-Zufassungsgriff, Drehachse frontal-sagittal (vertikal).
  Kurzbezeichnung: Stellteil-Vertikal, SV.
- Rotationssymmetrisches Stellteil für Drei-Finger-Zufassungsgriff, Drehachse sagittal-horizontal.
  Kurzbezeichnung: Stellteil-Horizontal, SH.
- Stellteil für translatorische Bewegungen für Zwei-Finger-Zufassungsgriff,
  Translation in der Horizontal-Frontal-Achse.
  Kurzbezeichnung: Stellteil-Translation, ST.
- Handkurbel für Drei-Finger-Zufassungsgriff,
  Drehachse sagittal-horizontal
  Kurzbezeichnung: Handkurbel-Horizontal, HH.

- Handkurbel für Drei-Finger-Zufassungsgriff, Drehachse horizontal-frontal. Kurzbezeichnung: Handkurbel-Quer, HQ.
- Dreh-Zylinder für Fünf-Finger-Zufassungsgriff, Drehachse fontal-sagittal. Kurzbezeichnung: Zylinder Vertikal, ZV.
- Dreh-Zylinder für Fünf-Finger-Zufassungsgriff, Drehachse horizontal-frontal. Kurzbezeichnung: Zylinder-Quer, ZQ.

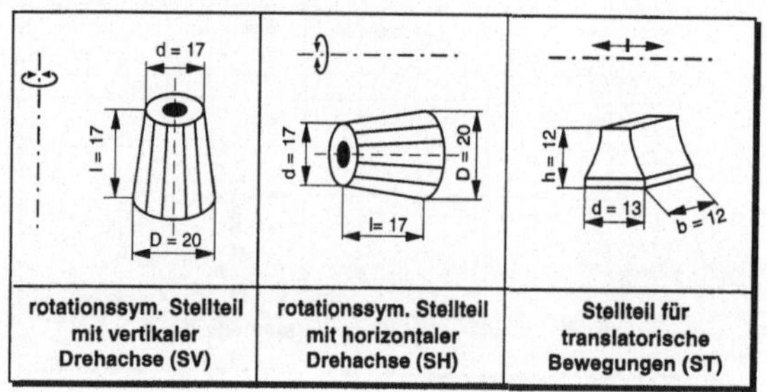

Bild 15 **Abmessungen der Versuchsstellteile ›SV‹ ›SH‹ und ›ST‹ (in mm)**

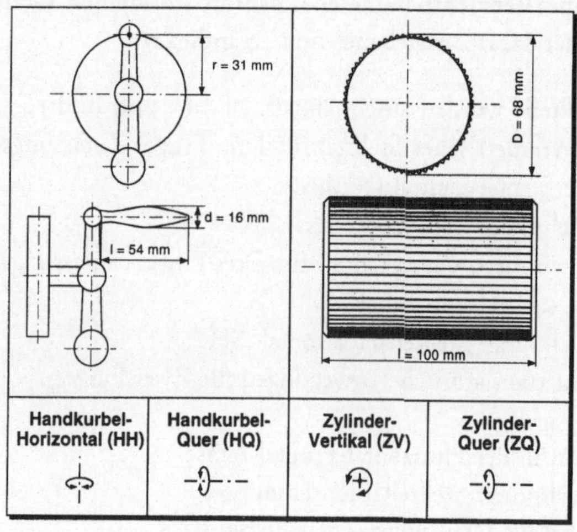

Bild 16 **Abmessungen der Versuchsstellteile ›HH‹ , HQ‹ , ZV‹ und ‹ZQ‹**

Die ausgewählten Stellteile für den Drei-Finger-Zufassungsgriff und den Zwei-Finger-Zufassungsgriff sind besonders für feine Stellaufgaben geeignet. Das rotationssymmetrische Stellteil koppelt reibschlüssig und das Stellteil für translatorische Bewegungen formschlüssig mit der Hand. Nach MUNTZINGER (1986) ist der ausgewählte Zylinder günstig für ein- und zweihändig auszuführende Stellaufgaben. Die verwendete Handkurbel wird als Normstellteil häufig an Vorschubeinrichtungen, wie z. B. Meßgeräten eingesetzt.

Folgende Fragestellungen wurden untersucht:

1. Welchen Einfluß hat die Händigkeit des Menschen bei Regelaufgaben, die mit Stellteilen auf unterschiedlichen Positionen im kleinen Greifraum in der Horizontalebene durchgeführt werden, auf die erbrachte Regelleistung?
2. Gibt es subjektive Präferenzen der Händigkeitsgruppen für eine Stellteilposition im kleinen Greifraum?
3. Wie groß ist der Einfluß unterschiedlicher Stellteile auf die Regelleistung der Händigkeitsgruppen?

Händigkeit, Position und Stellteil sind die zu variierenden Faktoren dieser Untersuchung. Die nach MUNTZINGER (1986) weiteren abhängigen Variablen bei Experimenten mit Stellteilen, wie Stellaufgabe, Zugriffsbedingungen, Dynamik des Stellteils, Dynamik des technischen Systems, Anzeigegestaltung, Führungsgrößen, Anzeigesignalverstärkung, Umweltfaktoren und Gestaltungsvariablen des Stellteils wurden konstant gehalten.

7.2 Versuchsaufbau

Mit dem Versuchsaufbau soll der in Bild 17 prinzipiell und ohne Störgrößen dargestellte Regelkreis von Bewegungen des Hand-Arm-Systems abgebildet werden.

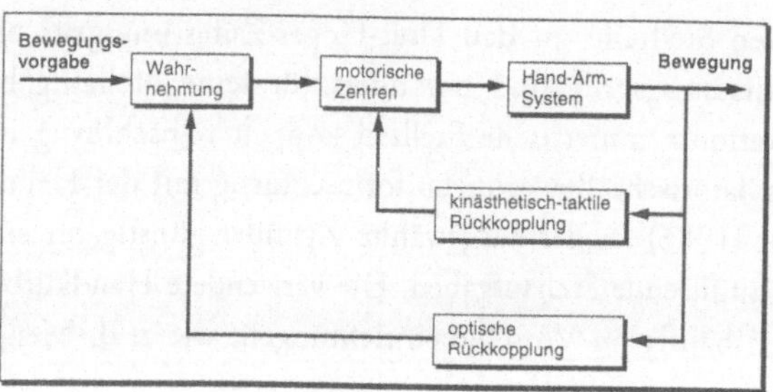

Bild 17 **Regulation von Bewegungen des Hand-Arm-Systems**

7.2.1 Trackingaufgabe

Wie in Kapitel 5 festgelegt, wird die Aufgabenstellung durch eine Pursuit (Folge)-Trackingaufgabe mit Darstellung von Ist- und Sollwert operationalisiert. Dabei ist dem Probanden durch die Anzeige des vorausliegenden Sollwertes (Preview) ein antizipatorisches Verhalten möglich. Der prinzipielle Aufbau des Trackingversuchs ist in Bild 18 dargestellt.

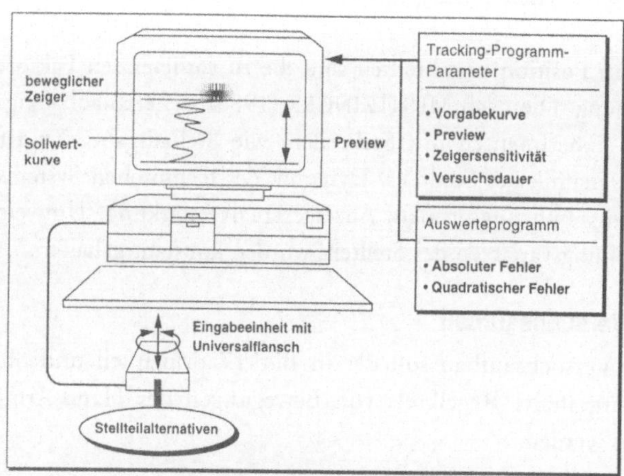

Bild 18 **Tracking-Versuchsaufbau**

Auf einem PC-Bildschirm (17" Bildschirmdiagonale) wird eine fortlaufende Kurve (Sollwertkurve) dargestellt. Durch den Preview ist der zukünftige Kurvenverlauf in einem bestimmten Bereich einsehbar. Das zu untersuchende Stellteil ist mit dem auf der gezeigten horizontalen Bildschirmlinie befindlichen Zeiger elektronisch verbunden. Dieser Zeiger ist nur horizontal auf der Linie beweglich und soll auf der Sollwert-Kurve geführt werden. Als Versuchssoftware zur Darstellung des Sollwertes und zur Bestimmung der Abweichung des Ist-Wertes wurde das Programmsystem ERTS (Experimentelles Run Time System) der Fa. ZAK, Simbach verwendet, das auf einem PC installiert war.

Mit diesem Programmsystem können die Sollwert-Vorgabekurve, die Sensitivität des Eingabestellteils (Verstärkungsfaktor) und die Preview-Größe in weiten Grenzen gewählt werden. Die Abtastfrequenz von Soll- und Ist-Wert beträgt 30 Hz. Somit wird eine hohe Genauigkeit bei der anschließenden Berechnung der Soll-Ist-Abweichung erzielt.

Als geeignetes Maß für die Trackingleistung hat sich nach JOHANNSEN (1993) die mittlere quadratische Abweichung (RMS = Root Mean Square) bewährt. Sie wird mit der Formel

$$\text{RMS} = \sqrt{\frac{\sum(\text{Sollwert} - \text{Istwert})^2}{\text{Anzahl Meßwerte}}}$$

direkt nach einem Versuchsdurchgang von der Versuchssoftware berechnet. Je kleiner der RMS-Wert ist, desto besser wurde die Aufgabe erfüllt.

Folgende Werte wurden für die Trackingaufgabe gewählt.

Sollwertkurve:
Die Sollwertkurve wird aus einer Mischung aus fünf Funktionen mit den nachfolgenden Frequenzen und Amplituden zusammengestellt.
1. 0,10 Hz, 1,0 cm;
2. 0,30 Hz, 0,9 cm;
3. 0,50 Hz, 0,6 cm;
4. 0,75 Hz, 0,4 cm;
5. 1,00 Hz, 0,3 cm.

Als Extremwerte der Gesamtamplitude ergeben sich damit ± 3,2 cm.

Durch das Funktionsgemisch ist sichergestellt, daß es keine gleichmäßigen und harmonischen Kurvenverläufe gibt. Dies ist notwendig, damit die Probanden sich den Kurvenverlauf nicht einprägen können.

Als Preview (Vorausanzeige) wurden 2 Sekunden gewählt.

Stellteilsensitivität:
Die Sensitivität wurde so gewählt, daß bei den Rotationsstellteilen beim Start in der mittigen Zeigerposition (s. Bild 18) jeder Kurvenpunkt der Sollwertkurve durch Fingerbewegungen (bei Handkurbel und Zylinder auch durch Unterarmbewegungen) erreicht werden konnte (Invariante Kopplungsbedingung, ohne Nachgreifen). ›Zwirbeln‹ bei der Stellteilbetätigung war nicht vorgesehen.

Die Sensitivität des Stellteils ST wurde ebenfalls so gewählt, daß die Maximalwerte der Sollwertkurve ohne Nachgreifen, nur durch Adduktions- und Abduktionsbewegungen der Hand aus dem Handgelenk heraus erreicht werden konnten.

7.2.2 Versuchseinrichtung

Um die Trackingleistung zu ermitteln, wurden im kleinen Greifraum in der Horizontalebene (s. BULLINGER 1993) insgesamt 14 Meßpunkte festgelegt. Auf der Basis des 5. Perzentil Frau wurde unter dem Gesichtspunkt der ergonomisch richtigen Gestaltung von Arbeitsmitteln der kleine Greifraum als Untersuchungsraum gewählt. Die Meßpunkte lagen am Rand des kleinen Greifraums und an zentralen Punkten im Greifraum. In Bild 19 sind die in den drei Feldern

- Einhandfeld–links (L),
- Beidhandfeld (BL, BR) und
- Einhandfeld–rechts (R)

liegenden Meßpunkte mit ihren Positionsdefinitionen angegeben. Das Beidhandfeld wurde bei der Positionsbezeichnung in der Versuchsdurchführung noch in Beidhandfeld-links (BL), d. h. Stellteilbetätigung im Beidhandfeld mit der linken Hand und Beidhandfeld-rechts (BR), d. h. Stellteilbetätigung im Beidhandfeld mit der rechten Hand aufgeschlüsselt. Eine Abhängigkeit der Trackingleistung von der relativen Greifentfernung, bedingt durch die unterschiedlichen Armlängen der Probanden, wurde in einem Vorversuch nicht festgestellt (RENNER 1991).

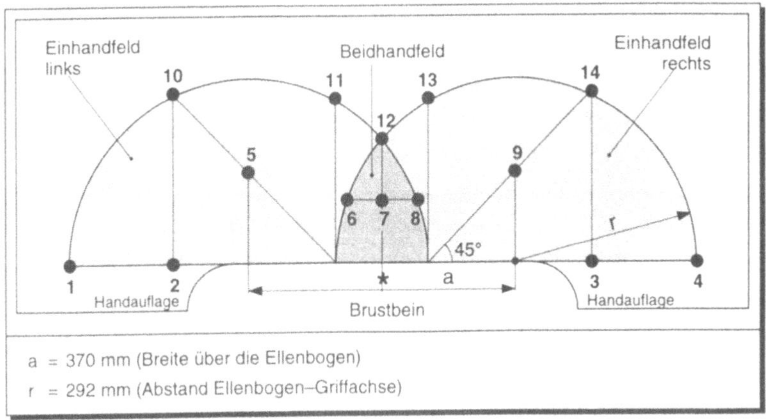

Bild 19 **Meßpunkte im kleinen Greifraum**

Bild 20 **Versuchseinrichtung zur Durchführung der Trackingversuche**

Der in Bild 20 als Fotografie gezeigte Versuchsstand wurde so aufgebaut, daß die Stellteile auf jeder Position eingesetzt werden konnten. Der Bildschirm, auf dem die Tracking-Sollwertkurve gezeigt wurde, war bezüglich der Sehachsen optimal und spiegelungsfrei positioniert. Die Höhe der Meßpunkte bezüglich des Probanden konnte auf die jeweilige Ellbogenhöhe eingestellt werden. Dadurch waren gleiche ergonomische Randbedingungen für alle Probanden gewährleistet. Der Versuchsleiterplatz mit einem parallel geschalteten Bildschirm befand sich direkt neben dem Probandenplatz, so daß eine permanente Einsichtnahme in den Versuchsablauf möglich war.

7.3 Versuchsplanung und -durchführung

Die Versuche wurden getrennt nach den Stellteilen SH, SV, ST und HH, HQ, ZV, ZQ durchgeführt, da die Versuchseinrichtung jeweils umgebaut werden mußte. Zur Verkleinerung des Versuchsfehlers wurden an jeder Meßposition fünf Messungen durchgeführt. Mit den Probanden wurde der Versuchsplan vollständig randomisiert abgearbeitet. Jeder Proband absolvierte an jeweils zwei Versuchstagen das gesamte Versuchsprogramm. Aufgrund der Aufgabenstellung war vor Beginn der Versuche eine Trainingsphase von 30 Minuten notwendig. Danach konnte von einem stabilen Trainingszustand der Probanden ausgegangen werden. Zwischen zwei Versuchstagen durfte jeweils maximal ein Tag Pause liegen. Den Prinzipien der Wiederholung, Randomisierung und Blockbildung wurde damit entsprochen. In Bild 21 ist der zugehörige Versuchsplan abgebildet.

Stellteil		Linke Hand Linkes Einhandfeld	Linke Hand Beidhandfeld	Rechte Hand Beidhandfeld	Rechte Hand Rechtes Einhandfeld		Durchgänge
SH SV ST	X	1 2 5 10 11	6 7 8 12	6 7 8 12	3 4 9 13 14	X	5
3 Stellteile		18 Positionen					5 gleiche Teilversuche

Stellteil		Linke Hand Linkes Einhandfeld	Linke Hand Beidhandfeld	Rechte Hand Beidhandfeld	Rechte Hand Rechtes Einhandfeld		Durchgänge
HH	X	1,3,6	7,8,9	7,8,9	2,5,10		
HQ	X	6	3,4,5,7,9	3,4,5,7,9	10	X	5
TV	X	.	3,4,5,6,8,10	3,4,5,6,8,10	.		
ZQ	X	6	3,4,5,7,9	3,4,5,7,9	10		
4 Stellteile		12 Positionen					5 gleiche Teilversuche

Bild 21 Versuchsplan der Trackingexperimente

Jeder der insgesamt 510 Teilversuche dauerte 30 Sekunden, wobei nur die letzten 20 Sekunden gewertet wurden. Mit dieser Maßnahme konnten ›Starteffekte‹ der Probanden ausgeschaltet werden. Damit sich die Probanden bei der großen Zahl von Versuchen die Sollwertkurve nicht einprägen konnten, wurde diese in Teilstücke zerlegt und in 20 unterschiedlichen Varianten dargeboten.

Die Berechnung des RMS-Wertes jedes Teilversuches ergab eine Kenngröße für die Qualität der Aufgabenerfüllung und somit ein Maß für die feinmotorische Regelleistung.

Bei den Versuchen mit den Stellteilen SH, SV und ST wurde zusätzlich noch das subjektive Probandenurteil mit Hilfe einer Ratingskala abgefragt.

7.4 Versuchsergebnisse der Stellteile SH, SV und ST

Nachfolgend werden die Ergebnisse der drei Stellteile SH, SV und ST beschrieben. Ausgehend von den RMS-Werten wurden zu den Fragestellungen statistische Auswertungen durchgeführt. Bedingt durch die vielschichtige Art der Fragestellungen und Daten wurde der in Bild 22 dargestellte Auswertungsablauf gewählt. Nach der Dokumentation der Ergebnisse bezüglich der Stellteilauswahl folgen diejenigen der Stellteilanordnung. Abschließend folgt eine Zusammenstellung der subjektiven und objektiven Ergebnisse.

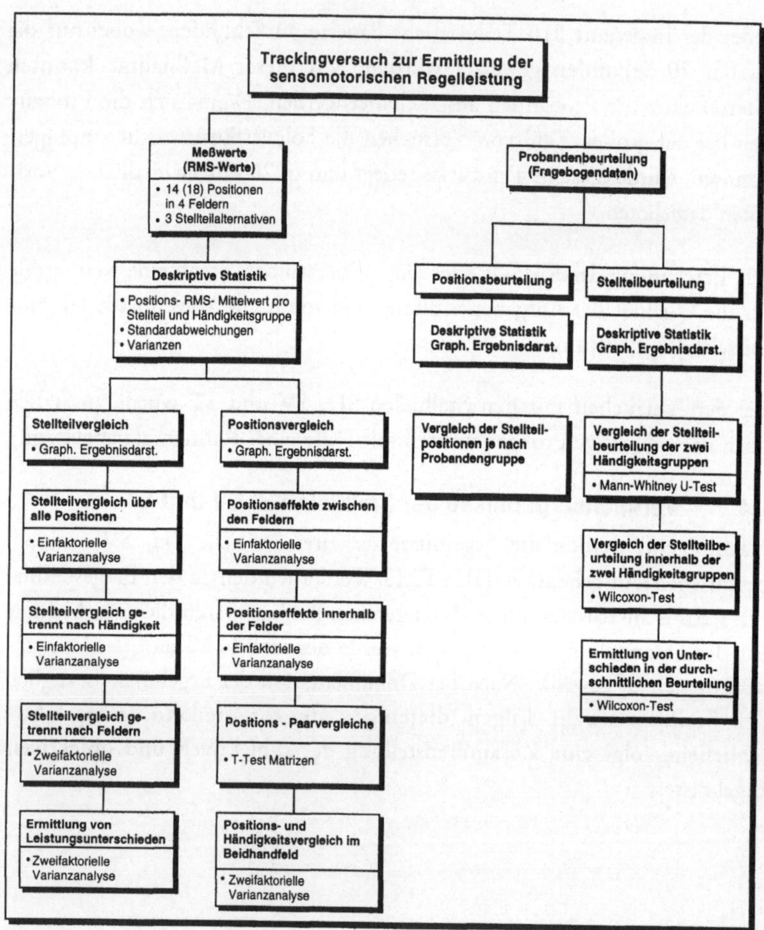

Bild 22 Struktur der statistischen Auswertung der Trackingversuche

7.4.1 Stellteilvergleiche

Die Ergebnisse der drei unterschiedlichen Stellteile bezüglich der RMS-Werte sind in Bild 23 dargestellt. Es ist jeweils der Mittelwert aus allen Positionen und die entsprechende Streuung abgebildet.

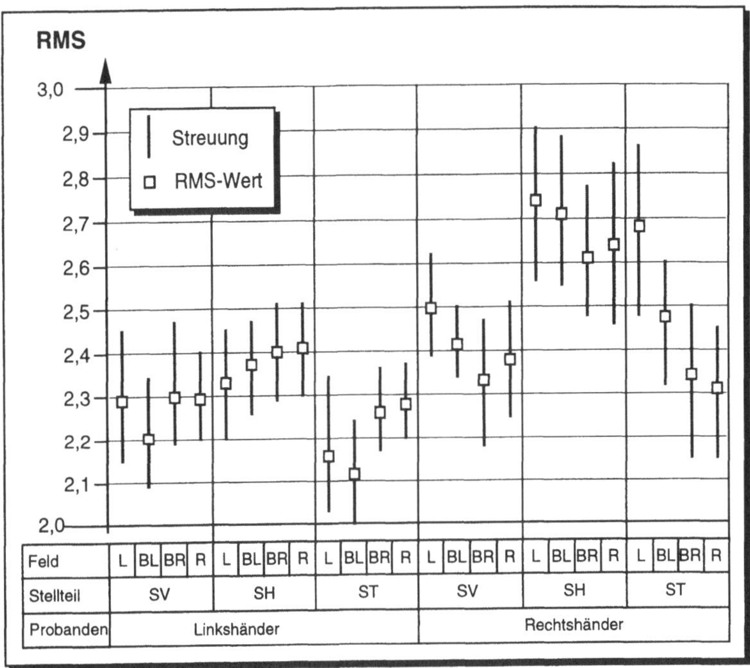

Bild 23 **RMS-Mittelwerte der Stellteile**

Nach dem in Bild 22 abgebildeten Auswertungsablauf ergeben sich nachfolgende Aussagen. (Die Zahlenwerte der zugrundeliegenden statistischen Auswertung sind im Anhang enthalten.)

Allgemein

Der Stellteileffekt, d. h. der Ergebnisunterschied beim Stellteilvergleich zugunsten der Linkshänder, geht primär auf den hohen SH-Wert (Stellteil-Horizontal) der Rechtshänder zurück.

Einhandfeld-links (L)
Es besteht eine signifikante Überlegenheit der Linkshänder im Einhandfeld-links. Die Stellteile unterscheiden sich nicht. Es besteht kein signifikanter Stellteileffekt innerhalb dieses Feldes bei einer der beiden Händigkeitsgruppen.

Beidhandfeld-links (BL)
Bei den Rechtshändern ist ein hochsignifikanter Unterschied zwischen den Stellteilen zu erkennen. SH hat einen wesentlich höheren (=schlechteren) RMS-Wert als die beiden ungefähr gleich guten Stellteile SV und ST.

Beidhandfeld-rechts (BR)
Es gibt keine signifikanten Unterschiede zwischen den Händigkeitsgruppen im Beidhandfeld und einen händigkeitsunabhängigen Unterschied zwischen den Stellteilen (Haupteffekt ›Stellteil‹ signifikant, aber Interaktion zwischen ›Händigkeit‹ und ›Stellteil‹ nicht signifikant), der darin besteht, daß SH hohe RMS-Werte hat. Ein hochsignifkanter Stellteileffekt kann innerhalb des Beidhandfeldes bei Rechtshändern festgestellt werden. Das Stellteil SH führt zu extrem hohen Werten, die beiden anderen Stellteile sind gleich gut.

Einhandfeld-rechts (R)
Es bestehen keine signifikanten Unterschiede zwischen den Händigkeitsgruppen im Einhandfeld-rechts. Ein händigkeitsunabhängiger Unterschied zwischen den Stellteilen (Haupteffekt ›Stellteil‹ signifikant, aber die Interaktion zwischen ›Händigkeit‹ und ›Stellteil‹ nicht signifikant), der darin besteht, daß das Stellteil SH auffallend hohe Werte zeigt, kann festgestellt werden. Es besteht ein hochsignifikanter Stellteileffekt innerhalb des Einhandfeldes-rechts bei Rechtshändern (SH-Werte extrem hoch).

Ermittlung von Leistungsunterschieden
In diesem Teil der Auswertung wurde die Frage untersucht, ob es einen Unterschied in der mittleren Leistung (über alle 14 Positionen) zwischen den Stellteilen im allgemeinen (über alle Probanden) bzw. in Abhängigkeit von der Händigkeit gibt.

Eine zweifaktorielle Varianzanalyse mit den Faktoren ›Händigkeit‹ und ›Stellteil‹ führte zu folgenden Ergebnissen:
Händigkeit: $p = 0{,}194$
Stellteil x Händigkeit: $p = 0{,}17$
Stellteil: $p = 0{,}687$

Es gibt demnach in beiden Händigkeitsgruppen einen hochsignifikanten Unterschied zwischen den Stellteilen, der darin besteht, daß mit SH geringere Leistungen erbracht werden.

Mit SV und ST werden etwa gleiche Leistungen erbracht (s. Bild 24). Wenn in diese Untersuchung auch noch die Händigkeit miteinbezogen wird, ergibt sich ein genereller Leistungsunterschied zwischen den unterschiedlichen Stellteilen, was darauf zurückzuführen ist, daß das Stellteil SH für die rechtshändige Personengruppe ungeeignet erscheint.

Subjektive Beurteilung der Stellteile durch die Probanden
Zur Bewertung der unterschiedlichen Positionen und Stellteile wurde mittels eines Fragebogens mit Ratingskala das subjektive Probandenurteil erfaßt.

Es bestanden folgende Fragestellungen:
- Wie geeignet waren die einzelnen Stellteile für ermüdungsfreies Arbeiten (unabhängig von ihrer Position)?
- Wie geeignet waren die einzelnen Stellteile für eine optimale Trackingleistung (unabhängig von ihrer Position)?

Die Probandenurteile zur Eignung der unterschiedlichen Stellteile sind im Anhang (Bild 41) enthalten.

Ermüdungsfreies Arbeiten
Rechtshänder beurteilen das Stellteil ST für ermüdungsfreies Arbeiten mit der dominanten Hand positiver als die Linkshänder. In allen anderen Fällen gab es keinen signifikanten Beurteilungsunterschied zwischen Linkshändern und Rechtshändern. Die Linkshänder beurteilen das Stellteil SV signifikant positiver als das Stellteil ST hinsichtlich seiner Eignung für ermüdungsfreies Arbeiten sowohl mit der dominanten wie auch mit der subdominanten Hand. Die Rechtshänder hingegen sehen das Stellteil SV als signifikant bes-

ser für ermüdungsfreies Arbeiten geeignet als das Stellteil SH, wenn sie mit der subdominanten Hand arbeiten.

Einschätzung der erbrachten Leistung
Die Beurteilungsunterschiede hinsichtlich der Bedienung mit der dominanten und der subdominanten Hand können Hinweise darauf geben, welche Stellteile z. B. mit der dominanten Hand bedient werden sollten. Bei den Linkshändern besteht nur bei SH ein signifikanter subjektiver Unterschied hinsichtlich der geringeren Eignung für die rechte Hand. Bei den Rechtshändern zeigt sich, daß sie ST und SH für die subdominante Hand als ungeeignet einstufen.

7.4.2 Positionsvergleiche

In Bild 24 sind die RMS-Werte der rechtshändigen Probandengruppe und in Bild 25 die der linkshändigen Probandengruppe dokumentiert. Es werden die Ergebnisse der Positionen im Einhandfeld-links (L01, L02, L05, L10, L11), im Beidhandfeld mit linkshändiger Versuchsdurchführung (BL06, BL07, BL08, BL12), im Beidhandfeld mit rechtshändiger Versuchsdurchführung (BR06, BR07, BR08, BR12) und im Einhandfeld-rechts (R03, R04, R09, R13, R14) dargestellt. Jeder Wert wurde als Mittelwert der fünf auf jeder Position durchgeführten Versuche berechnet.

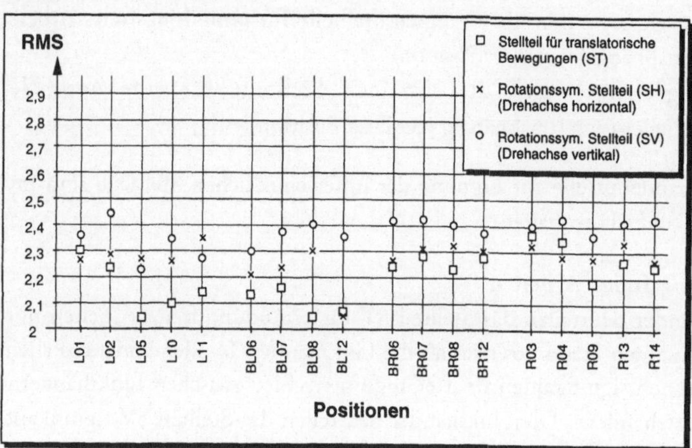

Bild 24 **Tracking-Versuchsergebnisse der linkshändigen Probandengruppe**

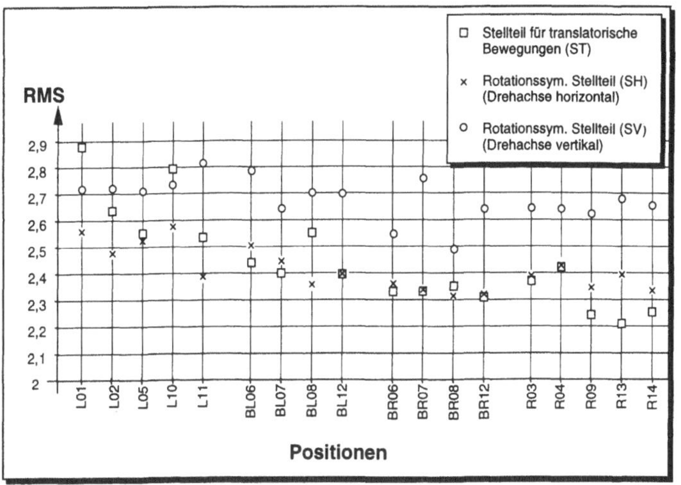

Bild 25 **Tracking-Versuchsergebnisse der rechtshändigen Probandengruppe**

Positionseffekte zwischen den Feldern

Um Unterschiede zwischen den Feldern festzustellen, wurde mit den gemittelten Werten der jeweils in den entsprechenden Feldern liegenden Positionen eine Varianzanalyse durchgeführt. Rechtshänder sind in den rechten Feldern immer signifikant besser als in den linken. Linkshänder sind nur mit dem Stellteil ST in den linken Feldern besser als in den rechten (s. Bild 42 im Anhang).

Positionseffekte innerhalb der Felder

Mit einer einfaktoriellen Varianzanalyse wurde die Frage nach signifikanten Positionsunterschieden innerhalb der Felder untersucht. Es ergab sich, daß auf den zentralen Positionen innerhalb der Felder bessere Ergebnisse erzielt wurden als auf den Randpositionen (s. Bild 43 im Anhang).

Positions-Paarvergleiche

Beim Positions-Paarvergleich wird jede Position mit jeder anderen verglichen. Mit Hilfe eines T-Tests kann eine Aussage darüber gemacht werden, ob sich die zwei untersuchten Positionen signifikant bezüglich ihrer Eignung für feinmotorische Regelaufgaben unterscheiden.

Stellteil-Horizontal (SH)
Bei Linkshändern tritt innerhalb des Einhandfeldes-links die Position L05 stark als optimaler Anordnungspunkt hervor. Bei den Rechtshändern besitzt das rechte Einhandfeld keinen starken Vorteil im Vergleich zu den anderen Feldern. Vielmehr scheint die Bedienung des Stellteils im ›Beidhandfeld-rechts‹ der Bedienung in den anderen Feldern überlegen zu sein. Es gibt jedoch keine Position mit ähnlich herausragender Bedeutung wie Position L05 bei den Linkshändern. Unterschiede innerhalb der Felder sind nur im BR-Feld erkennbar, hier sind vorzugsweise die Positionen BR06 und BR08 zu wählen. Ist eine Bedienung mit der linken Hand erforderlich, so empfiehlt sich Position BL07.

Stellteil-Vertikal (SV)
Bei den Linkshändern fällt auf, daß es auch beim ›Stellteil-Vertikal‹ eine herausragende Position (BL12) gibt, die allen anderen Positionen überlegen ist. Außer diesem BL12-Effekt ist bei den Linkshändern kein Positionseffekt herauszufinden. Es gibt keine signifikanten Unterschiede zwischen Positionen der beiden Einhandfelder. Bei den Rechtshändern fällt auf, daß sowohl das ›Beidhandfeld-rechts‹ wie das ›Einhandfeld-rechts‹ dem ›Einhandfeld-links‹ in ungefähr gleichem Maße überlegen ist. Wenn Linkshandbedienung erforderlich ist, dann ist vorzugsweise die Position BL08 oder L11 zu wählen.

Stellteil-Translation (ST)
Beim Stellteil-Translation gibt es die deutlichsten und häufigsten Positionsdifferenzen. Es ist ein besonders positionskritisches Stellteil, bei dem die Randpositionen ungeeignet sind. Es entsteht der Eindruck, als wäre die Benutzung mit der dominanten Hand besonders wichtig, ohne daß hier auf signifikante Ergebnisse zurückgegriffen werden kann.

Positions- und Händigkeitsvergleich im Beidhandfeld
Mit einer zweifaktoriellen Varianzanalyse (Faktor 1: Händigkeit; Faktor 2: Position) wurde nach Effekten im Beidhandfeld gesucht (vgl. Tabelle 9 im Anhang). Beim Stellteil-Vertikal ist die Position innerhalb des Beidhandfeldes wichtig und je nach Händigkeitsgruppe unterschiedlich. Bei den Linkshändern ist die Position BL12/BR12 die überragend gute Position, während die Rechtshänder keine Positionspräferenz zeigen. Die Händigkeitsgruppen unterscheiden sich im Beidhandfeld bei dominantem Handge-

brauch nicht. Beim Stellteil-Horizontal gibt es einen tendenziellen Unterschied zwischen Linkshändern und Rechtshändern zugunsten der Linkshänder. Die Position im Beidhandfeld bei subdominantem Handgebrauch ist bei beiden Händigkeitsgruppen zu vernachlässigen.

Beurteilung der Positionen durch die Probanden

Die Rating-Mittelwerte der Probandenurteile für jede Position der drei Stellteile sind im Anhang (Bild 44) aufgeführt. Links- und Rechtshänder zeigen deutliche Präferenzen, so daß hier aussagekräftige Urteile zur Gesamtbeurteilung der Positionen herangezogen werden können.

7.4.3 Zusammenstellung und Diskussion der Ergebnisse

Im nachfolgenden Bild 26 sind die Ergebnisse der einzelnen Stellteilvergleiche aus Abschnitt 7.4.1 gleichgewichtet zusammengefaßt. Jede positive Aussage wird mit ›+‹ und jede negative Aussage mit ›–‹ klassifiziert. Durch die Auflistung der Einzelurteile wird eine Gesamtrangfolge der Stellteile festgestellt.

Stellteil	**SH**		**SV**		**ST**	
Händigkeit	LH	RH	LH	RH	LH	RH
Eignung Einhandfeld-links	○	○	○	○	○	○
Eignung Beidhandfeld-links	○	–	○	○	○	○
Eignung Beidhandfeld-rechts	○	–	○	○	○	○
Eignung Einhandfeld-rechts	○	–	○	○	○	○
Leistungsunterschiede	○	–	○	○	○	○
Stellteilbeurteilung	○	○	+	+	○	+
Summe	○	≡ (4)	+ (1)	+ (1)	○	+ (1)
Rang	3		1		2	

Legende: schlecht / ungünstig – neutral / keine Aussage ○ gut / günstig +

Bild 26 **Zusammenstellung der Stellteilvergleiche und Rangfolge der Stellteile**

Eine Zusammenstellung der Ergebnisse der unterschiedlichen Positionsvergleiche aus Abschnitt 7.4.2 wird in Bild 27 gezeigt. Auch hier werden die positiven Aussagen mit ›+‹ und die negativen mit ›–‹ klassifiziert. Bei der

Gesamtbewertung werden alle Einzelergebnisse der LH- und RH-Spalte zusammengefaßt. Wenn mehr als einmal ›+‹ und kein ›–‹ eingetragen ist, ergibt sich ›+‹ als Gesamtbewertung, andernfalls ›–‹. Der Grund für diese Art der Bewertung liegt darin, daß nach Positionen gesucht wird, die für LH und RH gleichermaßen geeignet sind, ›–‹ ist deshalb das dominante Ausschlußkriterium.

	Ergebnisquelle	Positionen																																	
		L 01		L 02		L 05		L 10		L 11		BL 06		BL 07		BL 08		BL 12		BR 06		BR 07		BR 08		BR 12		R 03		R 04		R 09		R 13		R 14	
		LH	RH	LH	RH	LH	RH	LH	RH	LH	RH	LH	RH	LH	RH	LH	RH	LH	RH	LH	RH	LH	RH	LH	RH	LH	RH	LH	RH	LH	RH	LH	RH	LH	RH	LH	RH
SH	Positionseffekte zwischen d. Feldern	o	o	o	o	o	o	o	o	o	o	o	o	o	o	o	o	o	o	o	o	o	+	o	+	o	+	o	+	o	+	o	+	o	+	o	+
	Positionseffekte innerhalb d. Felder	o	o	o	o	+	+	o	o	o	o	+	+	+	+	+	+	+	+	+	+	+	+	+	+	+	+	o	o	o	o	+	+	o	o	o	o
	Positions-Paar-vergleiche	o	o	o	o	+	o	o	o	o	o	o	o	o	+	o	o	o	o	o	+	o	o	o	+	o	o	o	o	o	o	o	o	o	o	o	o
	Positions- u. Händigkeitsvergleich im Beidhandfeld	o	o	o	o	o	o	o	o	o	o	o	o	o	o	o	o	o	o	o	o	o	o	o	o	o	o	o	o	o	o	o	o	o	o	o	o
	Positionsbeurteilung	o	o	o	o	+	o	+	o	o	o	o	o	–	–	–	–	o	o	–	o	–	o	o	o	o	o	o	o	o	o	o	o	o	o	+	o
	Gesamtbewertung	–		–		+		–		–		+		–		–		+		–		–		+		+		–		–		+		–		+	
SV	Positionseffekte zwischen d. Feldern	o	o	o	o	o	o	o	o	o	o	o	o	o	o	o	o	o	o	o	+	o	+	o	+	o	+	o	+	o	+	o	+	o	+	o	+
	Positionseffekte innerhalb d. Felder	o	o	o	o	+	+	o	o	o	o	+	+	+	+	+	+	+	+	+	+	+	+	+	+	+	+	o	o	o	o	+	+	o	o	o	o
	Positions-Paar-vergleiche	o	o	o	o	o	o	o	o	o	+	o	o	o	o	o	+	+	o	o	o	o	o	o	o	o	o	o	o	o	o	o	o	o	o	o	o
	Positions- u. Händigkeitsvergleich im Beidhandfeld	o	o	o	o	o	o	o	o	o	o	o	o	o	o	o	o	+	o	o	o	o	o	o	o	+	o	o	o	o	o	o	o	o	o	o	o
	Positionsbeurteilung	o	o	o	o	+	o	+	o	+	o	+	o	o	o	o	o	+	o	o	o	o	o	o	o	+	+	o	o	o	o	+	+	+	o	+	o
	Gesamtbewertung	–		–		+		–		+		+		+		+		+		+		+		+		+		–		–		+		+		+	
ST	Positionseffekte zwischen d. Feldern	+	o	+	o	+	o	+	o	+	o	+	o	+	o	+	o	+	o	o	+	o	+	o	+	o	+	o	+	o	+	o	+	o	+	o	+
	Positionseffekte innerhalb d. Felder	o	o	o	o	+	o	o	o	o	o	+	+	+	+	+	+	+	+	+	+	+	+	+	+	+	+	o	o	o	o	+	+	o	o	o	o
	Positions-Paar-vergleiche	–	–	–	–	o	o	–	–	o	o	o	o	o	o	o	o	o	o	o	o	o	o	o	o	o	o	–	–	–	–	o	o	o	o	–	–
	Positions- u. Händigkeitsvergleich im Beidhandfeld	o	o	o	o	o	o	o	o	o	o	o	o	o	o	o	o	o	o	o	o	o	o	o	o	o	o	o	o	o	o	o	o	o	o	o	o
	Positionsbeurteilung	+	o	+	o	+	o	o	o	o	o	–	o	–	o	o	o	–	o	–	o	o	o	o	o	o	+	–	o	o	o	+	+	o	+	o	o
	Gesamtbewertung	–		–		+		–		–		+		–		–		+		–		–		+		+		–		–		+		+		–	
Legende: günstig / gut (+) neutral, keine signifikante Aussage (o) ungünstig / schlecht (–)																																					

Bild 27 **Zusammenstellung der Ergebnisse der Stellteile SH, SV und ST zur Ermittlung der Eignung unterschiedlicher Positionen**

Insgesamt fällt auf, daß die Ergebnisse der linkshändigen Probandengruppe ausgeglichener sind. Rechtshändige Probanden sind demgegenüber mit ihrer rechten Hand der linken signifikant überlegen.

In den einzelnen Feldern
- Einhandfeld-links (Stellteilbetätigung mit der linken Hand)
- Beidhandfeld-links (Stellteilbetätigung mit der linken Hand)
- Beidhandfeld-rechts (Stellteilbetätigung mit der rechten Hand)
- Einhandfeld-rechts (Stellteilbetätigung mit der rechten Hand)

werden auf den eher ›zentralen‹ Positionen 5, 6, 7, 8, 9 und 12 von beiden Probandengruppen gute Werte erzielt.

Linkshänder erzielen auf der Position 5 die besten Ergebnisse. Rechtshänder sind hier nicht besonders stark, so daß diese Position nicht uneingeschränkt empfohlen werden kann. Das ›Beidhandfeld-rechts‹ ist bei den Rechtshändern und auch bei den Linkshändern ähnlich ausgewogen und günstig. Es kann also für die Anordnung von Stellteilen empfohlen werden.

Auf der 200 mm vom Brustbein in der Medianebene liegenden Position 12 werden mit ST und SV sehr gute Ergebnissen erzielt. Diese Position ist für diese zwei Stellteile und beide Händigkeitsgruppen gut geeignet. Das Stellteil ST ist ein besonders positionskritisches Stellteil. Es sollte nicht auf den Positionen 1, 2, 3 und 4 eingesetzt werden. Die Anordnung auf Positionen innerhalb des Beidhandfeldes ist für ST günstig.

Bezüglich der drei Stellteile
- Stellteil–Horizontal (SH)
- Stellteil–Vertikal (SV)
- Stellteil–Translation (ST)

ergeben sich jeweils unterschiedliche Ergebnisse. Auffallend ist, daß SH durchweg zu schlechteren Ergebnissen führt als die beiden anderen Stellteile. Es sollte nur in Ausnahmefällen und dann auch nur auf den Positionen 6 oder 8 eingesetzt werden.

Bei der subjektiven Probandenbeurteilung wird SV für ermündungsfreies Arbeiten bevorzugt. Dies bestätigt die Ergebnisse, daß es insgesamt das günstigste Stellteil bezüglich Anordnung und Eignung für feinmotorische Regelaufgaben unter Berücksichtigung der Händigkeit ist.

Insgesamt ist es günstig, wenn die Stellteile eher ›rechtsschief‹ angeordnet werden, da Linkshänder relativ konstante und Rechtshänder nach links hin abnehmende Leistungen zeigen. Im Beidhandfeld unterscheiden sich die Leistungen bei dominantem Handgebrauch nicht, so daß hier der Einfluß der Händigkeit gering ist.

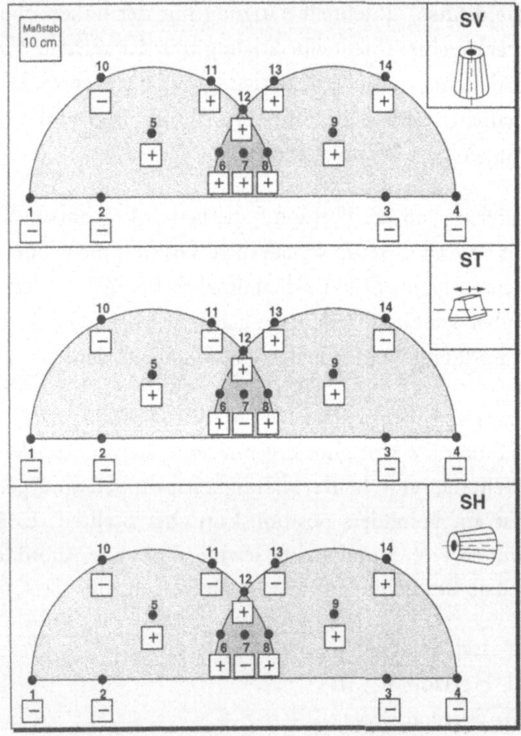

Bild 28 **Zusammenfassende Darstellung der objektiven und subjektiven Ergebnisse als Empfehlungen zur händigkeitsgerechten Anordnung der Stellteile SV, ST und SH**

Eine grafische Verdeutlichung der Empfehlungen zur Anordnung von Stellteilen für feinmotorische Regelleistung unter Berücksichtigung der Händigkeit gibt Bild 28 wider. Es wurden die in Bild 27 zusammengefaßten Ergebnisse so interpretiert, daß eine Position nur dann günstig ist, wenn sie für beide Händigkeitsgruppen gleichermaßen günstig ist. Die Ergebnisse des

Beidhandfelds-links (BL) und des Beidhandfelds-rechts (BR) wurden zusammengeführt, da es sich aus geometrischer Sicht jeweils um die gleichen Positionen handelt.

7.5 Versuchsergebnisse der Stellteile HH, HQ, ZV und ZQ

In einer weiteren Versuchsreihe mit den gleichen Versuchsrandbedingungen wurden ein zweihändig betätigtes Stellteile (Zylinder) und eine Handkurbel mit unterschiedlichen Lagen der Drehachsen untersucht. Die Abmessungen der Versuchsstellteile mit der jeweiligen Lage der Drehachse sind in Bild 16 dargestellt.

Die Einstellungen des Trackingprogramms wurden in Abschnitt 7.2.1 beschrieben. Entsprechend den Ergebnissen eines Vorversuchs erfolgte eine stellteilspezifische Anpassung der Sensitivität. Bei der Handkurbel wurde sie so gewählt, daß die Maximalwerte der Sollwertkurve durch drei volle Umdrehungen erreicht werden konnten. Dadurch war ›kurbeln‹ zwingend erforderlich. Als Anfangsbedingung mußte der Kurbelgriff beim Start immer oben stehen. Eine lineare Übertragung des Kurbel-Drehwinkels zum Zeigerweg am Bildschirm war voreingestellt. Die Sensitivität des Zylinders wurde so gewählt, daß mit zwei vollen Umdrehungen die Maximalwerte der Sollwertkurve zu erreichen waren. Der Zylinder wurde mit einer konstanten Kraft gebremst, damit Nachgreifen durch die subdominante Hand erforderlich wurde.

Aus technischen Gründen (Größe der Stellteile) konnten nicht alle auf der Versuchseinrichtung verfügbaren Positionen benutzt werden. Die dementsprechend geänderten Positionsnummern sind in Bild 31 enthalten. Analog zu der in Abschnitt 7.4 beschriebenen Versuchsreihe wurden die einzelnen Positionen den Feldern L, BL, BR und R zugeordnet. Die Auswertung erfolgte ebenso entsprechend der in Abschnitt 7.4 beschriebenen Versuchsreihe.

Die RMS-Werte der Versuchsstellteile werden in den nachfolgenden Bildern 29 und 30 wiedergegeben.

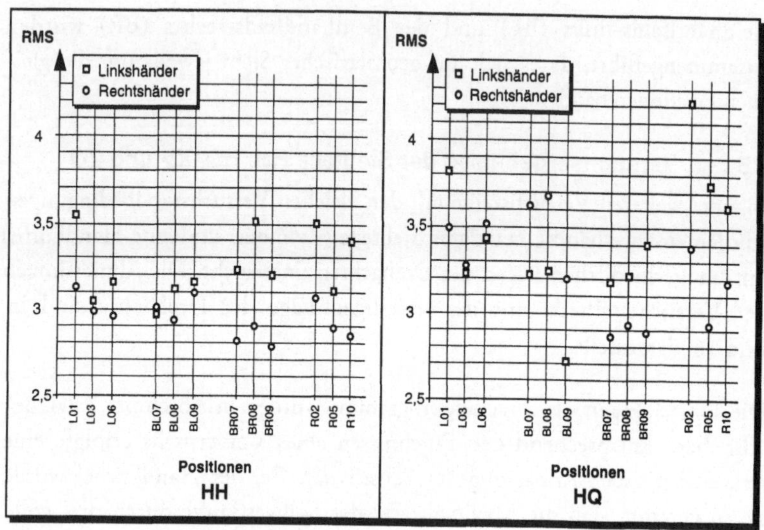

Bild 29 **Positions-RMS-Mittelwerte, Handkurbel-Horizontal (HH) und Handkurbel-Quer (HQ)**

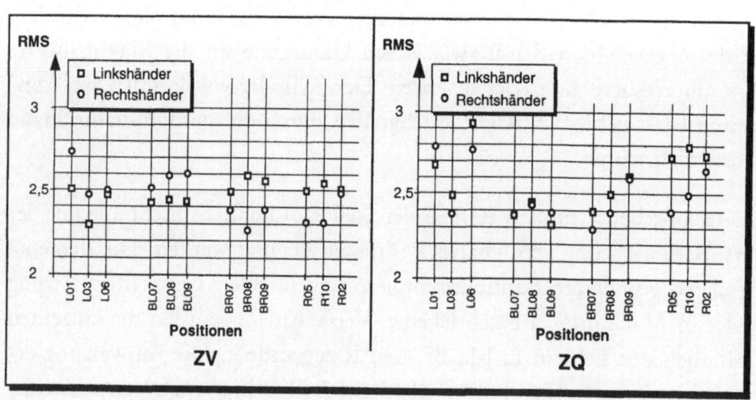

Bild 30 **Positions-RMS-Mittelwerte, Zylinder-Vertikal (ZV) und Zylinder-Quer (ZQ)**

Es konnten die Versuchsergebnisse des vorangegangenen Versuchs dahingehend bestätigt werden, daß die Ergebnisse der dominanten Hand im Vergleich zur subdominanten Hand bei der linkshändigen Probandengruppe ausgeglichener sind. Rechtshändige Probanden sind demgegenüber mit ihrer rechten Hand der linken meist signifikant überlegen.

Bezüglich der vier untersuchten Stellteilalternativen ergeben sich unterschiedliche Ergebnisse. Auffallend ist, daß mit der Handkurbel durchweg schlechtere Ergebnisse erzielt wurden als mit ZV und ZQ. Der Zylinder-Vertikal zeigt homogenere und bessere Ergebnisse als der Zylinder-Quer. Entsprechend den Bildern 29 und 30 ergibt sich damit folgende Rangfolge der Stellteile:

1. Zylinder-Vertikal
2. Zylinder-Quer
3. Handkurbel-Horizontal
4. Handkurbel-Quer

Bei der Handkurbel-Horizontal sind die weit außen im Greifraum liegenden Positionen 1 und 2 sehr ungünstig. Auf den zentral gelegenen Positionen 7 und 9 erreichen die Linkshänder und auch die Rechtshänder die besten Ergebnisse. Weiter sind für die Linkshänder die Positionen 3, 5, 8 und 6 empfehlenswert, während die Rechtshänder auf diesen Positionen eher durchschnittliche Ergebnisse erzielen. Position 10 eignet sich für Rechtshänder sehr gut, wogegen die Linkshänder dort geringe Leistungen zeigen.

Beim Stellteil ›Handkurbel-Quer‹ werden die besten Ergebnisse auf Position 4 erzielt, wobei hier die Linkshänder mit ihrer rechten Hand der linken überlegen sind. Für diese Probandengruppe sind ebenfalls Position 5 und 9 sehr gut geeignet und für die Rechtshänder die Positionen 3, 7 und 9. Position 5 führt bei Links- und Rechtshändern zu guten Ergebnissen, so daß die zentralen bzw. etwas rechts liegenden Positionen 4, 5 und 9 empfohlen werden können. Die weit außen liegenden Positionen 6 und 10 sind für feinmotorische Regelaufgaben ungeeignet.

Beim ›Zylinder-Vertikal‹ sind die feinmotorischen Regelleistungen relativ homogen bezüglich der Positionen im Greifraum, wobei Position 4 händigkeitsunabhägig herausragt. Die Linkshänder erzielen auf den Positionen 8 und 10 gute Ergebnisse, und bei den Rechtshändern sind die Positionen 5, 3 und 6 zu empfehlen.

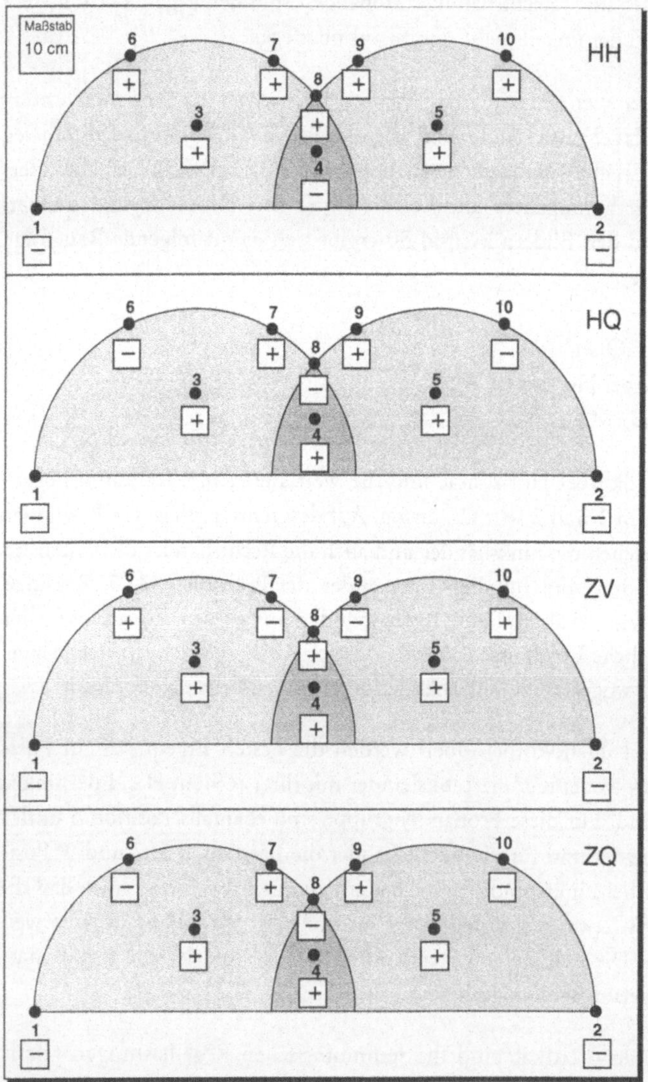

Bild 31 **Zusammenfassende Darstellung der Ergebnisse als Empfehlungen zur händigkeitsgerechten Anordnung der Stellteile HH, HQ, ZV und ZQ**

Beim Stellteil ›Zylinder-Quer‹ ergeben sich analog zur HQ auf den Positionen 6 und 10 die höchsten RMS-Werte. Für Linkshänder sind die Positionen 4, 5 und 9 sowie bei Bedienung mit der subdominanten Hand die Positionen 4, 3 und 7 geeignet. Bei den Rechtshändern schneiden bei rechtshändiger Betätigung die Positionen 4 und 3 und bei linkshändiger Betätigung die Positionen 4 und 5 am besten ab. Für diese Probandengruppe sind auch die Positionen 7 und 9 für beide Hände gut geeignet. Bei dominantem Handgebrauch können die zentralen Positionen 7 und 9 sowie die Position 4 für Beidhandgebrauch händigkeitsunabhängig uneingeschränkt empfohlen werden.

Bild 31 zeigt die grafische Zusammenfassung der jeweiligen Empfehlungen für die untersuchten Stellteile.

7.6 Zusammenfassung der Ergebnisse der Trackingversuche

In der Untersuchung zur Auswahl und Anordnung von Stellteilen wurden mit vier bzw. bei Betrachtung der Rotationsachsenlage mit sieben repräsentativen Stellteilen auf unterschiedlichen Positionen im horizontalen Greifraum Regelleistungen ermittelt. Zur Festlegung der Anordnung von Stellteilen im horizontalen Greifraum konnten Empfehlungen abgeleitet werden, die in den Bildern 28 und 31 dokumentiert werden. Zusammenfassend kann festgestellt werden, daß eine zentrale bis rechtsschiefe Anordnung der Stellteile für Links- und Rechtshänder gleichermaßen günstig ist. Aus der Untersuchung können – ergänzend zu den bereits in der Literatur dokumentierten Regeln – Hinweise und Empfehlungen zur Auswahl von Stellteilen im Hinblick auf die Händigkeit abgeleitet werden (s. Kapitel 8).

8 Ablaufschema zur händigkeitsgerechten Gestaltung der Eingabeschnittstelle von Mensch-Maschine-Systemen

Das nachfolgend vorgestellte Ablaufschema hat das Ziel, bei der korrektiven und konzeptiven Gestaltung der Eingabeschnittstelle von Mensch-Maschine-Systemen Hinweise zu geben, wie die Händigkeit der Arbeitspersonen berücksichtigt werden kann. Es ist als Ergänzung der bestehenden Regeln zur Gestaltung der M-M-S konzipiert und dient der Optimierung vorhandener Vorgehensweisen. Das Ablaufschema und die Tabelle mit Hinweisen zur Auswahl und Anordnung von Stellteilen setzt die Ergebnisse der durchgeführten Untersuchungen in ein operationales Instrumentarium um.

8.1 Struktur des Ablaufschemas

Das in den Bildern 32 und 33 dargestellte Ablaufschema gliedert sich in die drei Abschnitte

- Relevanzanalyse,
- Problemanalyse und
- Gestaltung.

Bei der Relevanzanalyse wird aufbauend auf die von GARONZIK (1989) formulierten Fragen zur Arbeitsaufgabe festgestellt, ob die Händigkeit an der untersuchten M-M-S berücksichtigt werden muß. Sie führt zu einer ›Ja/Nein‹ Entscheidung.

Die Problemanalyse dient der Aufgliederung in die zwei Gestaltungsbereiche ›Auswahl‹ und ›Anordnung‹ von Stellteilen. Durch die Problemanalyse wird der Lösungsraum in der Gestaltungsphase eingegrenzt.

Die dem Abschnitt ›Gestaltung‹ zugeordnete Tabelle mit Hinweisen zur Auswahl und Anordnung von Stellteilen enthält die Ergebnisse der im Rahmen dieser Arbeit durchgeführten Untersuchungen und ermöglicht so – ergänzend zu den bekannten Regeln der Gestaltung der M-M-S – ihre praktische Nutzung.

8.2 Relevanzanalyse

Innerhalb der Relevanzanalyse wird – ausgehend von der Beschreibung der Arbeitsaufgabe – die Eingabeschnittstelle des Mensch-Maschine-Systems mit Hilfe qualitativer Entscheidungskategorien beurteilt.

Mit den Antworten zu den ersten vier von GARONZIK (1989) formulierten Fragen (›Ist hohe Genauigkeit gefordert?‹; ›Ist hohe Geschwindigkeit gefordert?‹; ›Ist hoher Bewegungswiderstand vorhanden?‹; ›Ist kontinuierliche Bewegung notwendig?‹) wird die Charakteristik der Arbeitsaufgabe beschrieben. Die Genauigkeits- und Geschwindigkeitsanforderungen der Arbeitsaufgabe korrelieren mit der Handperformanz und sind somit für die Relevanzanalyse von Bedeutung. Außerdem existiert eine lineare Beziehung zwischen dem Bewegungswiderstand und der Bedeutung der Händigkeit (BOROD u. a. 1984).

Bei Arbeitsaufgaben, die geringe und beidseitig gleiche Anforderungen an die Fähigkeiten und Fertigkeiten des Hand-Arm-Systems stellen, ist es nicht notwendig, die Händigkeit explizit in die Gestaltung mit einzubeziehen (z. B. mechanischer Fotoapparat).

Sofern die Arbeitsaufgabe mit den vier Eingangsfragen als ›anspruchsvoll‹ charakterisiert bzw. einhändig durchgeführt wird, ist zu prüfen, ob die Handzuordnung zur Erfüllung der Arbeitsaufgabe frei gewählt werden kann. So ist es z. B. bei räumlicher Behinderung günstig, wenn die Arbeitshand frei gewählt werden kann. Bei einer durch die Arbeitsaufgabe, bzw. die vorhandene Gestaltungslösung der M-M-S festgelegten Arbeitshand ist die Händigkeit zu berücksichtigen, da der Benutzer keine Wahlfreiheit bezüglich der einzusetzenden Arbeitshand hat. Auch wenn die Handzuordnung nicht festgelegt ist, kann prinzipiell die präferierte Hand, welche aber ggf. unter Leistungsgesichtspunkten nicht die günstige ist, an der M-M-S koppeln. Dieses berücksichtigt die Frage nach der ungünstigen Handwahl. Die Frage nach suboptimaler Leistung ist relevant, wenn die Arbeitshand frei gewählt werden kann und die Kopplung an der M-M-S nicht festgelegt ist. Es ist hier zu prüfen, ob durch diese Festlegung – vor dem Hintergrund der unterschiedlichen Performanzausprägungen – eine suboptimale Leistung erzielt wird. Im konkreten Fall kann z. B. die Arbeitshand frei gewählt werden, eine ungünstige Handwahl ist aber nicht möglich, da die Form der M-M-S im Hinblick auf diesen speziellen Benutzer individuell gestaltet wurde. Trotzdem kann eine suboptimale Leistung erzielt werden, da unterschiedliche Fertigkeiten (z. B. Geschwindigkeit und Kraft) verlangt werden, die nicht konsistent entweder im linken oder rechten Hand-Arm-System ihr Maximum haben.

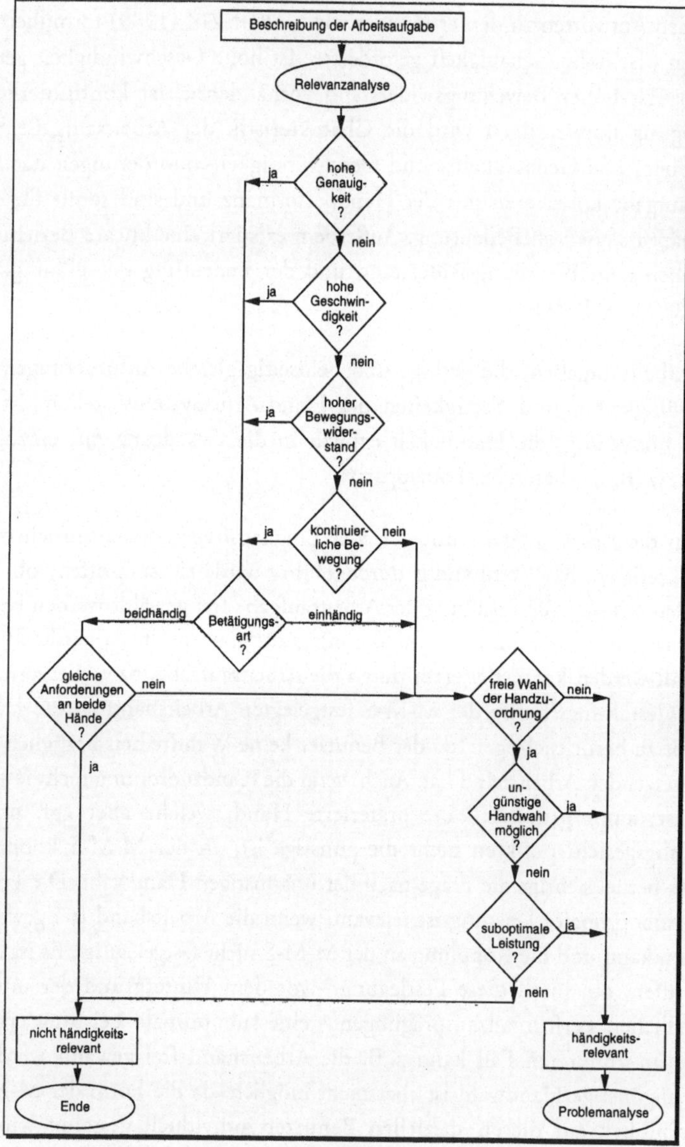

Bild 32 **Ablaufschema zur händigkeitsgerechten Gestaltung der Eingabeschnittstelle von Mensch-Maschine-Systemen, Teil I**

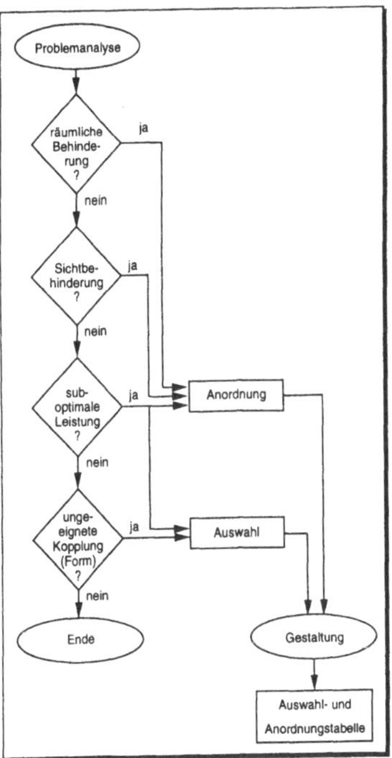

Bild 33 **Ablaufschema zur händigkeitsgerechten Gestaltung der Eingabeschnittstelle von Mensch-Maschine-Systemen, Teil II**

8.3 Problemanalyse

Die in der Relevanzanalyse festgestellte Händigkeitsrelevanz wird in der Problemanalyse detailliert betrachtet. Die dabei identifizierten Probleme führen zu den Gestaltungsparametern ›Auswahl‹ und ›Anordnung‹ von Stellteilen.

Räumliche Behinderung tritt dann auf, wenn die Anordnung der Eingabestellteile keinen freien Zugriff des Benutzers zuläßt. Dieses ist z. B. der Fall, wenn Stellteile nur mit extremer Inanspruchnahme der Bewegungsmöglichkeiten des Hand-Arm-Systems benutzt werden können. Mögliche Sichtbehinderungen entstehen bei der Informationsausgabe im Mensch-Maschine-System. Durch den ungünstigen Zugriff auf Stellteile können z. B. am Stellteil angebrachte Anzeigen verdeckt werden. Suboptimale Leistungen entstehen durch ungünstige Anordnung oder Auswahl von Stellteilen. Durch eine Auslegung der Stellteilform entsprechend der Handanatomie einer Benutzergruppe (z. B. Computer-Maus für Linkshänder) kann für die Benutzergruppe mit anderer Händigkeit die Kopplung mit dem Stellteil ungünstig sein.

8.4 Gestaltung

In der Gestaltungsphase sind prinzipiell die bekannten Regeln der Arbeitswissenschaft zur Gestaltung der M-M-S, insbesondere der Auswahl von Stellteilen zu beachten (AE 1990, BULLINGER und SOLF 1979, DIN 33401, BANDERA u. a. 1986, MUNTZINGER 1986, NEUDÖRFER 1981). Konkrete Hinweise zur Gestaltung der Eingabeschnittstelle unter Berücksichtigung der Händigkeit, aufgeschlüsselt nach Auswahl- und Anordnung von Stellteilen, enthält die nachfolgende Tabelle. In der Tabelle werden kontinuierliche und diskrete Stellaufgaben jeweils in ›grobmotorisch‹ und ›feinmotorisch‹ untergliedert.

Tabelle 8: **Hinweise zur Auswahl und Anordnung von Stellteilen für die Gestaltung der Eingabeschnittstelle an Mensch-Maschine-Systemen unter Berücksichtigung der Händigkeit**

Gestaltungs aufgabe	Stellaufgabe		Hinweise
Anordnung von Stellteilen	kontinuierlich	grob-motorisch	Keine händigkeitsspezifischen Hinweise.
		fein-motorisch	Bei der Anordnung von Stellteilen für kontinuierliche, feinmotorische Stellaufgaben im ergonomisch günstigen kleinen Greifraum in der Horizontalebene ist – ausgehend vom Brustbein als Bezugspunkt – eine zentrale bis rechtsschiefe Anordnung der Stellteile zu empfehlen. Je nach den verwendeten Stellteilen ergeben sich unterschiedliche Präferenzen. Besonderes Augenmerk ist bei Rotationsstellteilen auf die Lage der Drehachse zu legen. Für die Stellteile SV, SH und ST sowie HH, HQ, ZV und ZQ (Abmessungen s. Bild 15 und 16) werden in den Bildern 28 und 31 detaillierte Empfehlungen für 14 bzw. 10 unterschiedliche Positionen im kleinen Greifraum gegeben.

Anordnung von Stell-teilen	diskret	grob-motorisch	Die Anordnung darf nicht gegen die erfahrungsgestützte Erwartung des Anwenders verstoßen. So muß z. B. der NOT-AUS Schalter grundsätzlich immer an der gleichen Stelle angeordnet sein.
		fein-motorisch	Keine händigkeitsspezifischen Hinweise.
Auswahl von Stellteilen	kontinuierlich	grob-motorisch	Linkshänder haben in beiden Hand-Arm-Systemen etwa das gleiche Kraftvermögen. Rechtshänder haben im linken Hand-Arm-System ein geringeres Kraftvermögen als im rechten (Männer ca. 10 % weniger, Frauen ca. 5 % weniger). Zur Berechnung der maximalen Stellkraft können die in der DIN 33 411 tabellierten Werte herangezogen werden. Um eine kräftebezogene Überforderung der jeweiligen Person ausschließen zu können, müssen bei linkshändiger Betätigung die maximalen statischen Aktionskräfte entsprechend niedriger angesetzt werden.
		fein-motorisch	Kleine Rotationsstellteile mit senkrecht stehender Drehachse sind Stellteilen für Translationsbewegungen und Rotationsstellteilen mit waagerechter Drehachse vorzuziehen. Rotationsstellteile für beidhändigen Zugriff sind zu empfehlen. Die Verwendung von Handkurbeln ist nicht empfehlenswert.
	diskret	grob-motorisch	Linkshänder haben in beiden Hand-Arm-Systemen etwa das gleiche Kraftvermögen. Rechtshänder haben im linken Hand-Arm-System ein geringeres Kraftvermögen als im rechten (Männer ca. 10 % weniger, Frauen ca. 5 % weniger). Zur Berechnung der maximalen Stellkraft können die in der DIN 33 411 tabellierten Werte herangezogen werden. Um eine kräftebezogene Überforderung der jeweiligen Person ausschließen zu können, müssen bei linkshändiger Betätigung die maximalen statischen Aktionskräfte entsprechend niedriger angesetzt werden.
		fein-motorisch	Keine händigkeitsspezifischen Hinweise.

9 Zusammenfassung

Das Ziel arbeitswissenschaftlicher Forschung ist es, einen Beitrag zur menschengerechten Gestaltung von Arbeit zu leisten. Erkenntnisse der Ergonomie zur Gestaltung von Arbeitsmitteln sind wichtige Bausteine dazu. Durch die menschengerechte Gestaltung sollen gesundheitliche Beeinträchtigungen der arbeitenden Menschen vermieden sowie Beiträge zur Förderung der Leistungsfähigkeit, Erhöhung der Leistungsbereitschaft und Motivation geleistet werden. Die Effektivität des Arbeitssystems soll gesteigert werden. Ausgangsbasis der menschengerechten Gestaltung von Arbeit ist und bleibt der Mensch in seiner Individualität. Es gilt, Gestaltungskriterien auf der Basis menschlicher Fähigkeiten und Fertigkeiten zu entwickeln und anzuwenden. Ein wesentliches Kennzeichen des Menschen ist seine Händigkeit, d. h. die Ausprägung der menschlichen Asymmetrie als Rechts- oder Linkshändigkeit, die somit in die Gestaltungsarbeit Eingang finden muß.

Die Einwirkung des Menschen auf technische Systeme erfolgt in der Regel über Mensch-Maschine-Schnittstellen. In den meisten Fällen werden die vom Menschen an das technische System zu übermittelnden Informationen über Aktionen des Hand-Arm-Systems an die Mensch-Maschine-Schnittstelle übermittelt. Eine anwenderorientierte Schnittstellengestaltung zur Verbesserung der Systemleistung und Steigerung der Arbeitszufriedenheit ist notwendig.

Bedingt durch die in der Vergangenheit praktizierte Umerziehung von linkshändigen Kindern war bisher der Anteil phänotypischer Linkshänder in Arbeitssystemen eher gering. Gestaltungsarbeit erfolgte deshalb primär unter dem Gesichtspunkt der rechtshändigen Dominanz. Arbeitswissenschaftliche Erkenntnisse zur händigkeitsgerechten Gestaltung von Arbeitssystemen waren folglich kaum verfügbar. Inzwischen muß mit einem phänotypischen Linkshänderanteil von 10–15 % der Gesamtbevölkerung gerechnet werden. Damit gewinnen Kenntnisse zur Arbeitssystemgestaltung unter dem Gesichtspunkt der Links- und Rechtshändigkeit an Bedeutung. Innerhalb dieser Aufgabenstellung will diese Arbeit einen Beitrag zur händigkeitsgerechten Gestaltung der Mensch-Maschine-Schnittstelle leisten.

Ausgehend von einer umfassenden Analyse des Schrifttums wird zunächst eine Vorgehensweise für Vergleichsuntersuchungen zwischen Rechts- und Linkshändern entwickelt. Vergleichsuntersuchungen sind notwendig, da Defizite bezüglich arbeitswissenschaftlicher Erkenntnisse zur Gestaltung der Mensch-Maschine-Schnittstelle – insbesondere zu maximalen Stellungskräften und Empfehlungen zur Auswahl und Anordnung von Stellteilen – identifiziert wurden. Zu den maximalen Stellungskräften des menschlichen Hand-Arm-Systems existieren bereits umfangreiche Datenwerke, jedoch ohne Angaben des Händigkeitseinflusses. Hier war die Verwendbarkeit der vorhandenen Daten unter dem Gesichtspunkt der Händigkeit von Interesse. Bezüglich der Empfehlungen zur Auswahl und Anordnung von Stellteilen interessierte die Frage, ob es zu bevorzugende Stellteile und Positionen im kleinen Greifraum in der Horizontalebene gibt. Ein Ablaufschema zur händigkeitsgerechten Gestaltung der Eingabeschnittstelle von Mensch-Maschine-Systemen, welches die Ergebnisse der genannten Untersuchungen einbezieht, soll schließlich dem Konstrukteur und Arbeitsgestalter eine Hilfestellung zur konzeptiven und korrektiven Gestaltungsarbeit geben.

Die Vorgehensweise für Vergleichsuntersuchungen berücksichtigt die unterschiedlichen Aspekte der Händigkeit und führt zu zwei, bezüglich der Händigkeit maximal unterschiedlichen, aber bezüglich der prinzipiellen Leistungsfähigkeit vergleichbaren Probandengruppen. Primär muß die Bevorzugung einer Hand (die Handpräferenz) als Eingangsklassifikation und sekundär die Leistungsfähigkeit einer Hand (die Handperformanz) als Kriterium zur Gruppenbildung herangezogen werden. Da der Einfluß des Geschlechts auf die Händigkeit noch nicht geklärt ist, wurden insgesamt vier, d. h. jeweils zwei weibliche und zwei männliche Probandengruppen gebildet.

Die Ermittlung der maximalen Stellungskräfte des Hand-Arm-Systems ergab, daß linkshändige Personen (Frauen und Männer) ein ausgewogenes Kraftvermögen besitzen. Rechtshändige Personen haben in ihrem linken Hand-Arm-System ein gegenüber dem rechten Hand-Arm-System um 5–10 % vermindertes Kraftvermögen.

In der Untersuchung zur Auswahl und Anordnung von Stellteilen wurden sieben repräsentative Stellteile auf unterschiedlichen Positionen im kleinen Greifraum betrachtet. Es konnte eine unterschiedliche Eignung der Stellteile festgestellt werden. Besonders zu empfehlen ist ein rotationssysmmetrisches Stellteil für den 3-Finger-Zufassungsgriff mit horizontaler Drechachse und ein zylindrisches Stellteil (d = 68 mm) mit vertikaler Drehachse für beidhändige Stellaufgaben. Die Anordnung der Stellteile sollte zentral bis rechtsschief vor dem Benutzer sein.

Die Ergebnisse der beiden Untersuchungen münden in ein Ablaufschema zur händigkeitsgerechten Gestaltung der Eingabeschnittstelle von Mensch-Maschine-Systemen. Ausgehend von einer Relevanzanalyse, d. h. der Analyse, ob das betrachtete Arbeitsmittel überhaupt mit der Händigkeit der Anwender in Beziehung steht und der Veränderung bedarf, wird der Engpaß analysiert und danach die Neu- bzw. Umgestaltung vorgenommen.

Mit den entwickelten Vorgehensweisen und den Ergebnissen aus den durchgeführten Untersuchungen wird das Defizit an arbeitswissenschaftlichen Erkenntnissen zur Händigkeitsproblematik reduziert. Die vorliegende Arbeit soll zu weiteren Untersuchungen anregen und will Hilfestellungen dazu geben.

ADRIAN, A. (1988):
Einhandtastatur weiterentwickelt – Nun in "deutsch" und auch "mit links". In: Humane Produktion (1988), Nr. 4–5 , S. 58–60.

AE (1990):
Arbeitswissenschaftliche Erkenntnisse Nr. 83. Stellteile. Hrsg. von der Bundesanstalt für Arbeitsschutz, Dortmund. Bremerhaven: Wirtschaftsverlag NW, 1990.

ANDRÉ, P. (1993):
Die Linke vergißt nie! In: Die Tageszeitung, 29.6.1993, S. 12.

ANNETT, J.; ANNETT, M.; HUDSON, P. T. W.; TURNER, A. (1979):
The Control of Movement in the Preferred and Non-preferred Hands. In: Quarterly Journal of Experimental Psychology 31 (1979), S. 641–652.

ANNETT, M. (1976):
A Coordination of Hand Preference and Skill Replicated. In: British Journal of Psychology 67 (1976), Nr. 4, S. 587–592.

ANNETT, M. (1985):
Left, Right, Hand and Brain: The right shift theorie. London: Lawrence Erlbaum Associates Ltd., 1985.

ANNETT, M.; HUDSON, P. T. W.; TURNER, A. (1974):
The Reliability of Differences between the Hands in Motor Skill. In: Neuropsychologia 12 (1974), S. 527–531.

ARDILA, A.; URIBE, B. E.; ANGEL, M. E. (1987):
Handedness and Psychophysics: weight and roughness. In: International Journal of Neuroscience 36 (1987), Nr. 1–2, S. 17–21.

AUGUSTYN, C.; PETERS, M. (1986):
On the relation between footedness and handedness. In: Perceptual and Motor Skills 63 (1986), Nr. 3, S. 1115–1118.

BANDERA, J. E.; KERN, P.; SOLF, J. J. (1986):
Leitfaden zur Auswahl, Anordnung und Gestaltung von kraftbetonten Stellteilen. Schriftenreihe der Bundesanstalt für Arbeitsschutz, Forschungsbericht Nr. 494. Bremerhaven: Wirtschaftsverlag NW, 1986.

BARSLEY, M. (1970):
Left-handed Man in a Right-handed World. London: Pitman The Trinity Press, 1970.

BEAUMONT, J. G. (1987):
Händigkeit. In: Einführung in die Neurophysiologie. Berlin: VEB Deutscher Verlag der Wissenschaften, 1987, S. 214, 245–257.

BEATON, A. A.; MOSELEY, L. G. (1984):
Anxiety and the Measure of Handedness. In: British Journal of Psychology 75 (1984), S. 275–278.

BENTON, A. L.; MEYERS, R.; POLDER, G. J. (1962):
Some aspects of handedness. In: Psychiatria et Neurologia 144 (1962), S. 321–337.

BG (1990):
Auszug aus der Unfallstatistik. Hrsg. vom Hauptverband der gewerblichen Berufsgenossenschaften e. V. (BG), St. Augustin, 1990.

BOKRANZ, R.; LANDAU, K (1991):
Einführung in die Arbeitswissenschaft. Stuttgart: Ulmer, 1991.

BOLES, D.; DEWAR, R. (1986):
Nationality and Handedness Differences in Stereotypes for Control Movements. In: Proceedings of the 19th Annual Meeting of the Human Factors Association of Canada, Richmond (1986), S. 87–90.

BOROD, J. C.; CARON, H. S.; KOFF, E. (1984):
Left-handers and right-handers compared on performance and preference measures of lateral dominance. In: British Journal of Psychology 75 (1984), Nr. 5, S. 177–186.

BROCKHAUS LEXIKON (1986):
München: Deutscher Taschenbuch Verlag, 1986.

BROSIUS, G. (1988):
SPSS/PC+ Basics and Graphics. Hamburg: MacGraw-Hill, 1988.

BROSIUS, G. (1989):
SPSS/PC+ Advanced Statistics and Tables. Hamburg: MacGraw-Hill, 1989.

BULLINGER, H.-J.; SOLF, J. J. (1979):
Ergonomische Arbeitsmittelgestaltung III. Stellteile an Werkzeugmaschinen, Fallstudien. Schriftenreihe der Bundesanstalt für Arbeitsschutz, Forschungsbericht Nr. 198. Bremerhaven: Wirtschaftsverlag NW, 1979.

BULLINGER, H.-J.(1981):
Arbeitswissenschaft zwischen Humanisierung und Rationalisierung. In: Interdisziplinäre Technikforschung. Hrsg. von G. Ropohl. Berlin: Schmidt, 1981.

BULLINGER, H.-J. (1984):
Die Veränderung der menschlichen Arbeit durch die Technik. In: Kindlers Ezyklopädie "Der Mensch". Hrsg. von H. Wendt und N. Loacker. Zürich: Kindler, 1984.

BULLINGER, H.-J.; SCHMAUDER, M. (1993):
Product design for left- and righthanders. In: The Ergonomics of Manual Work, Proceedings of the IEA World conference on ergonomics of Materials Handling (EMH 93), Warschau, 14.–17. 6. 1993. Hrsg. von W. S. Marras u. a. London u. a.: Taylor & Francis, 1993.

BULLINGER, H.-J. (1993):
Arbeitswissenschaft I&II. Vorlesungsmanuskript, Universität Stuttgart, Institut für Arbeitswissenschaft und Technologiemanagement, 1993.

BULLINGER H.-J. (1994):
Ergonomie. Produkt- und Arbeitsplatzgestaltung. Stuttgart: Teubner, 1994.

CHAPANIS, A.; GROPPER, B. A. (1968):
The Effect of the Operators Handedness on some Directional Stereotypes in Control-Display Relationships. In: Human Factors 10 (1968) Nr. 10, S. 303–320.

CHAPANIS, A.; GROPPER, B. A. (1967):
Stereotypes in Control – Display Movement Relationships for Right- and Lefthanded Operators. In: Proceedings of a Symposion on Ergonomics in Machine Design, Prag 1967, S. 235–243.

CHAPANIS, A. (1994):
Ergonomics in Product development. In: Proceedings of the 12th Triennal Congress of the International Ergonomics Association. Toronto, Canada, 15.–19.8.1994, Volume 1, S. 52–55.

CHAPMAN, L. J.; CHAPMAN, J. P. (1987):
The measurement of handedness. In: Brain and Cognition 6 (1987), Nr. 2, S. 175–183.

COREN, S. (1989):
Left-Handedness and Accident-Related Injury Risk. In: American Journal of Public Health 79 (1989), S. 1040–1041.

COREN, S.; PORAC, C. (1978):
Fifty centuries of right-handedness: The historical record. In: Science 198 (1978), S. 631–632.

COREN, S.; PORAC, C.; DUNCAN, P. (1979):
A Behaviorally Validated Self-Report Inventory to Assess four Types of Lateral Preference. In: Journal of Clinical Neuropsychology 1 (1979), Nr. 1, S. 55–64

COROMINAS-BERET, F. (1967):
Linkshändigkeit und Schulleistung. In: Aktuelle Medizin. Beilage zur Münchner Medizinischen Wochenschrift 109 (1967), Nr. 19.

CHRISTIAENS, L.; BIZE, P. R.; MAURIN, P. (1963):
Les gauchers au travail. In: Archives des Maladies Professionelles de médicine du travail et de sécurité sociale 24 (1963), Nr. 1–3, S. 58–100.

DAVIES, B. T.; MEBARKI, M. (1983):
Speed of forward hand movement – the effect of age, sex, posture and hand. In: Ergonomics 26 (1983), Nr. 11, S. 1077–1079.

DIN 33 400:
Gestalten von Arbeitssystemen nach arbeitswissenschaftlichen Erkenntnissen..

DIN 33 401:
Stellteile.

DIN 33 402:
Körpermaße des Menschen.

DIN 33 411:
Körperkräfte des Menschen.

DIN 43 602:
Betätigungssinn und Anordnung von Stellteilen.

EG (Europäische Gemeinschaft für Kohle und Stahl) (1984):
Ergonomische Gestaltung von Steuerständen unter Berücksichtigung der Steuer-, Kontroll- und Überwachungstätigkeiten. Schlußbericht. Salzgitter, 1984.

ELLIS, S. J.; ELLIS, P. J.; MARSHALL, E. (1988):
Hand Preference in a Normal Population. In: Cortex 24 (1988), S. 157–163.

FERNER, U.; HORN, B.; SUCHENWIRTH, R (1970):
Die Bestimmung der Händigkeit beim Erwachsenen. In: Die Medizinische Welt 21 (1970), Nr. 1, S. 33–35.

FISCHER, H.; KOHENOF, M. (1964):
Untersuchung der Körperdominanz. In: Praxis der Kinderpsychologie und Kinderpsychiatrie 13 (1964), Nr. 5, S. 173–177.

FLEISHMAN, E. A. (1967):
Performance Assessment Based on an Empirically Derived Task Taxonomy. In: Human Factors 9 (1967), Nr. 4, S. 349–366.

FLEISHMAN, E. A. (1972):
On the Relation between Abilities, Learning, and Human Performance. In: American Psychologist 27 (1972), Nr. 11, S. 1017–1032.

FLEISHMAN, E. A.; ELLISON, G. D. (1962):
A Factor Analysis of fine Manipulative Tests. In: Journal of Applied Psychology 46 (1962), Nr. 2, S. 96–105.

FLEISHMAN, E. A.; GEBHARDT, D. L.; HOGAN, J. C. (1984):
The Measurement of Effort. In: Ergonomics 27 (1984), Nr. 9, S. 947–954.

FLEISHMAN, E. A.; HEMPEL, W. E. (1954):
A Factor Analysis of Dexterity Tests. In: Personnel Psychology 7 (1954), S. 15–32.

FLOWERS, K. (1975):
Handedness and controlled movement. In: British Journal of Psychology 66 (1975), Nr. 1, S. 39–52.

GALLENKAMP, U. (1970):
Die Bestimmung der Seitigkeit (Händigkeit). In: Arbeit und Leistung 24 (1970), Nr. 11, S. 203–206.

GARDENA (1993):
Gartenschere für Linkshänder. Produktinformation, 1993.

GARONZIK, R. (1989):
Hand dominance and implications for left-handed operation of controls. In: Ergonomics 32 (1989), Nr. 10, S. 1185–1192.

GERHARD, R. (1959):
Left-Handedness and Laterality in Pilots. In: E. Evrard, R. Bergered and P. M. v. Wulfften Plathe (Hrsg.): Medical Aspects of Flight Safety. New York: Pergamon Press, S. 262–273.

GESCHWIND, N. (1983):
Die Großhirnrinde – Gehirn und Nervensystem. Spektrum der Wissenschaften, Weinheim: VCH Verlag, 1983.

GRÄBER B. (1990):
Linkshänder leiden in der Rechtshänderwelt.
In: Böblinger Zeitung, 28.09.1990.

HACKER, W. (1986):
Arbeitspsychologie. Berlin: VEB-Verlag der Wissenschaften, 1986.

HALPERN, D. F.; COREN S. (1991):
Handedness and Life Span. In: The New England Journal of Medicine 324 (1991), Nr. 14, S. 998.

HARVEY, T. J. (1988):
Science and handedness. In: British Journal of Educational Psychology 58 (1988), Nr. 2 , S. 201–204.

HEALEY, J. M.; LIEDERMAN, J.; GESCHWIND, N. (1986):
Handedness is not a unidimensional trait. In: Cortex 22 (1986), Nr. 1, S. 33–53.

HECAEN, H.; DE AJURIAGUERRA, J. (1964):
Left-Handedness. New York / London: Grune and Stratton, 1964, S. 139–149.

HETTINGER, TH.; WOBBE, G. (HRSG.) (1993):
Kompendium der Arbeitswissenschaft. Ludwigshafen: Kiehl, 1993.

HOYOS, C. GRAF (1974):
Arbeitspsychologie. Stuttgart u. a.: Kohlhammer, 1974.

HUNSICKER, P. A. (1955):
Arm strength at selected desgrees of elbow flexion. Ohio, Wright Air Development Center, Report No. WADC-TR-54-548, 1955.

JACOBSON, J. M.; REPPERGER, D. W.; GOODYEAR, CH.; NORMAN, M. (1986):
Effect of directional response variables on eyehand reaction times and decision time. In: Perceptional and Motor Skills 62 (1986) Nr. 1, S. 195–208.

JOHANNSEN, G. (1993):
Mensch-Maschine-Systeme. Berlin u. a.: Springer, 1993.

KELLNER, H. (1927):
Über die Handgeschicklichkeit und den Wert der Handgeschicklichkeitsprüfungen. In: Psychotechnische Zeitschrift 2 (1927), Nr. 6, S. 153–162.

KERN, P.; SCHMAUDER, M. (1994):
Positions of Controls for Left- and Righthanders. In: Proceedings of the 12th Triennal Congress of the International Ergonomics Association. Toronto, Canada, 15.–19.8.1994, Volume 5.

KILSHAW, D.; ANNETT, M. (1983):
Right-and Left-Hand Skill: Effects of age, sex and hand preference showing superior skill in left-handers. In: British Journal of Psychology 74 (1983), S. 253–268.

KIRCHNER, J.-H. (1986):
Belastungen und Beanspruchungen. In: Zeitschrift für Arbeitswissenschaft 2 (1986).

KLEIH, J. (1991):
Ermittlung der sensomotorischen Geschicklichkeit von Links- und Rechtshändern mit Trackingversuchen. Diplomarbeit, Universität Stuttgart, Institut für industrielle Fertigung und Fabrikbetrieb, 1991.

KOFF, E.; BOROD, J. C.; WHITE, B.; NICHOLAS, M. (1983):
Asymmetries in Body Part Size, Mobility and Usage. In: Acta Anatomica 117 (1983), S. 382–388.

KROEMER, K. H. E. (1967):
Was man von Schaltern, Kurbeln und Pedalen wissen muß. Anordnung und Gebrauch von Betätigungsteilen. Berlin: Beuth, 1967.

KUPCZIK, I (1994):
Wenn der Alltag mit links bewältigt wird. In: Welt am Sonntag, 14.08.1994, S. 10.

LANGE, W. (1991):
Kleine ergonomische Datensammlung. Bundesanstalt für Arbeitsschutz. 6. überarbeitete Auflage. Köln: Verlag TÜV Rheinland, 1991.

LANSKY, L. M.; FEINSTEIN, H.; PETERSON, J. M. (1988):
Demography of handedness in two samples of randomly selected adults. In: Neuropsychologia 26 (1988), Nr. 3, S. 465–477.

LEHMANN, G. (ROHMERT, W.; RUTENFRANZ, J. (HRSG.)) (1983):
Praktische Arbeitsphysiologie. 3. neubearb. Auflage, Stuttgart / New York: Thieme, 1983.

LEVANDER, M.; SCHALLING, D. (1988):
Hand preference in a population of Swedish college students. In: Cortex 24 (1988), Nr. 1, S. 149–156.

LEVY, J., NAGYLAKI, T. (1972):
A model for the genetics of handedness. In: Genetics 72 (1972), S. 117–128.

LIEDERMAN, J.; HEALEY, J. M. (1986):
Independent dimensions of hand preference: Reliability of the factor structure and the handedness inventory. In: Archives of Clinical Neuropsychology 1 (1986), Nr. 4, S. 371–386.

LOGITECH (1993):
MouseMan für Linkshänder. Produktinformation, 1993.

LUDWIG, W. (1932):
Das Rechts- Links- Problem im Tierreich und beim Menschen. In: Monographien aus dem Gesamtgebiet der Physiologie der Pflanzen und der Tiere 27, Berlin: Springer, 1932.

MAINZER, J. (1982):
Ermittlung und Normung von Körperkräften dargestellt am Beispiel der statischen Betätigung von Handrädern. VDI-Fortschrittsberichte, Reihe Biotechnik 17, Nr. 12, Düsseldorf: VDI-Verlag, 1982.

MANDELL, R. J.; NELSON, D. L.; CERMAK, S. A. (1984):
Differential Laterality of Hand Function in Right-Handed and Left-Handed Boys. In: The American Journal of Occupational Therapy 38 (1984), Nr. 2, S. 114–121.

MAKITA (1993):
Winkelschleifer für Links- und Rechtshänder. Produktinformation, 1993.

MC CORMICK, E. J. (1964):
Human Factors Engineering; Second Edition of Human Engineering. New York: McGraw-Hill, 1964.

MUNTZINGER, W. (1986):
Ergonomische Gestaltung von Rotationsstellteilen für grob- und sensomotorische Tätigkeiten. IPA-IAO Forschung und Praxis, Bd. 97. Hrsg. von H. J. Warnecke und H.-J. Bullinger. Berlin u. a.: Springer , 1986. Zugl. Stuttgart, Universität, Diss., 1986.

MURRELL, K.F.H. (1971):
Ergonomie. Düsseldorf / Wien: Econ, 1971.

NACHSON, I.; DENNO, D.; AURAND, S. (1983):
Lateral Preferences of Hand, Eye and Foot: Relation to Cerebral Dominance. In: International Journal of Neuroscience 18 (1983), S. 1–9.

NEUDÖRFER, A. (1981):
Anzeiger und Bedienteile. Gesetzmäßigkeiten und systematische Lösungssammlungen. Düsseldorf: VDI-Verlag, 1981.

NORUSIS, M. J. (1985):
SPSS-X Advanced Statistics Guide. New York: McGraw-Hill, 1985.

NUTZHORN, H. (1953):
Untersuchungen zum Rechts-Links-Problem. Dissertation TH Braunschweig Teil I und Teil II (1953).

NUTZHORN, H. (1961):
Soll man Linkshänder umerziehen? In: Medizin heute für die Praxis morgen 10 (1961), S. 45–52.

OBERBECK, H. (1989):
Seitigkeitsphänomene und Seitigkeitstypologie im Sport. In: Schriftenreihe des Bundesinstituts für Sportwissenschaft 68 ,1989.

OLDFIELD, R. C. (1969):
Handedness in Musicians. In: British Journal of Psychology 60 (1969), Nr. 1, S. 91–99.

O. V. (1989):
Gefährliches Pflaster. In: Der Spiegel 43 (1989), Nr. 37, S. 251–254.

O. V. (1992):
Wenn alles mit rechten Dingen zugeht .... In: Selbst ist der Mann – Das Heimwerker Magazin 3 (1992), S. 64–67.

O. V. (1993):
Linkshänder leben gefährlicher. In: Kreiszeitung "Böblinger Bote", 10.12.1993.

PAUL, H. A. (1970):
Körperseitigkeit und Leistung. In: Arbeit und Leistung 24 (1970), Nr. 11, S. 197–216.

PETERS, M. (1976):
Prolonged Practice of a Simple Motor Task by Preferred and Nonpreferred Hands. In: Perceptual and Motor Skills 43 (1976), S. 447–450.

PETERS, M.:
Why the Preferred Hand taps more quickly than the Nonpreferred Hand: Three Experiments on Handedness. In: Canadian Journal of Psychology 34 (1980), Nr. 1, S. 62–71.

PETERS, M. (1981):
Handedness: Effect of prolonged practice on between hand performance differences. In: Neuropsychologia 19 (1981), Nr. 4, S. 587–590.

PETERS, M. (1985):
Constraints in the Performance of Bimanual Tasks and their Expression in Unskilled and Skilled Subjects. In: Quarterly Journal of Experimental Psychology 37A (1985), S. 171–196.

PETERS, M. (1986):
Hand Roles and Handedness in Music: Comments on Sidnell. In: Psychomusicology 6 (1986), Nr. 1, S. 29–34.

PETERS, M. (1987):
A nontrivial motor performance difference between right-handers and lefthanders: Attention as intervening variable in the expression of handedness. In: Canadian Journal of Psychology 41 (1987), Nr. 1, S. 91–99.

PETERS, M. (1988):
Footedness: Asymmetries in Foot Preference and Skill and Neuropsychological Assessment of Foot Movement. In: Psychological Bulletin 103 (1988), Nr. 2, S. 179–192.

PETERS, M.; DURDING, B. (1978):
Handedness measured by Finger Tapping: A Continuous Variable. In: Canadian Journal of Psychology 32 (1978), Nr. 4 , S. 257–261.

PETERS, M.; DURDING, B. (1979):
Left-Handers and Right-Handers compared on a Motor Task. In: Journal of Motor Behaviour 11 (1979), Nr. 2, S. 103–111.

PETERS, M.; MC GRORY, J. (1987):
The writing performance of inverted and noninverted right- and left-handers. In: Canadian Journal of Psychology 41 (1987), Nr. 1, S. 20–32.

POECK, K. (1968):
Die funktionelle Asymmetrie der beiden Hirnhemisphären. In: Deutsche Medizinische Wochenschrift 93 (1968), Nr. 47, S. 2282–2287.

PFANNENSTIEL, H. (1984):
Rechts- oder Linkshändigkeit – Ihre ergonomischen Auswirkungen. In: Dental-Labor 32 (1984), Nr. 9, S. 987–993.

PORAC, C.; COREN, S. (1981):
Lateral Preference and Human Behavior. New York: Springer, 1981.

PORAC, C.; COREN, S. (1979):
Individual and Familial Patterns in Four Dimensions of Lateral Preference. In: Neuropsychologia 17 (1979), S. 543–548.

PORAC, C.; COREN, S.; DUNCAN, P. (1980 a):
Life-span Age Trends in Laterality. In: Journal of Gerontology 35 (1980), Nr. 5, S. 715–721.

PORAC, C.; COREN, S.; STEIGER, J. H.; DUNCAN, P. (1980 b):
Human Laterality: A multidimensional Approach. In: Canadian Journal of Psychology 34 (1980) Nr. 1, S. 91–96.

POULTON, E. C. (1974):
Tracking Skill and Manual Control. New York / San Francisco /London: Academic Press, 1974.

PROVINS, K.A.; CUNLIFFE, P. (1972):
The Reliability of some Motor Performance Tests of Handedness. In: Neuropsychologia 10 (1972), S. 199–206.

RAHIMI, M.; MALZAHN, D. E; MUSA, H. M. (1985):
Hand Preference and Difference Patterns Using the Available Motions Inventory (AMI). In: Proceedings of the Human Factors Society, 29th annual meeting 1985 (1985), S. 167–171.

REHBERG. G.; PEPER, E.; SCHUR, W. (1969):
Zeitschrift der Militärmedizin 10 (1969), S. 408–413.

RENNER, G. (1991):
Händigkeit und Fahrzeugsteuerung. Institut für Psychologie der RWTH Aachen, Diplomarbeit, 1991.

ROHMERT, W. (1993):
Biomechanische Grundlagen. In: H. Schmidtke (Hrsg.): Ergonomie. 3. Aufl. München / Wien: Hanser, 1993, S. 469-484.

ROHMERT, W. (1966):
Maximalkräfte von Männern im Bewegungsraum der Arme und Beine. Köln: Westdeutscher Verlag, 1966.

ROHMERT, W. (1968):
Rechts – Links – Vergleich bei isometrischem Armmuskeltraining mit verschiedenem Trainingsreiz bei achtjährigen Kindern. In: Internationale Zeitschrift für angewandte Physiologie einschl. Arbeitsphysiologie 26 (1968), S. 363–393.

ROHMERT, W.; JENIK, P. (1972):
Maximalkräfte von Frauen im Bewegungsraum der Arme und Beine. Schriftenreihe "Arbeitswissenschaft und Praxis" Nr. 22. Berlin / Köln / Frankfurt/M.: Beuth-Vertrieb GmbH, 1972.

ROHMERT, W.; PREISING, M. (1968):
Rechts-Links-Vergleich bei isometrischem Armmuskeltraining mit verschiedenem Trainingsanreiz. In: Sportarzt und Sportmedizin 19 (1968), S. 43–55.

ROHMERT, W.; RÜCKERT, A.; SCHAUB, K.-H. (1992):
Körperkräfte des Menschen. Forschungsbericht aus dem Institut für Arbeitswissenschaft der TU Darmstadt. Darmstadt, 1992.

ROHMERT, W.; BERG, K.; BRUDER, R.; SCHAUB, K.-H. (1994):
Kräfteatlas (Teil 1 und 2). Schriftenreihe der Bundesanstalt für Arbeitsmedizin. Forschungsbericht Fb 09.004. Bremerhaven: Wirtschaftsverlag NW, 1994.

RÜHMANN, H.-P.; SCHMIDTKE, H. (1989):
Human Strenght: Measurements of Maximum Isometric Forces in Industry. Ergonomics 32 (1989), Nr. 7, S. 865–879.

RÜHMANN, H.-P.; SCHMIDTKE, H. (HRSG.) (1992):
Körperkräfte des Menschen. Köln: O. Schmidt, 1992.

RUST, A. (1965):
Über Waffen- und Werkzeugtechnik des Altmenschen. Neumünster: Karl Wachtholz, 1965.

RUTENFRANZ, J.; HETTINGER, TH.; HELLBRUEGGE, TH. (1962):
Untersuchungen über die Entwicklung der Handgeschicklichkeit von Kindern und Jugendlichen. In: Zeitschrift für Kinderheilkunde 87 (1962), S. 169–183.

SACHS, L. (1978):
Angewandte Statistik. 5. Aufl.; Berlin: Springer, 1978.

SATTLER, J. B. (1983):
Ikonographische und Psychologische Aspekte der Seitigkeit in der Kunst. Dargestellt an ausgewählten Beispielen. Philosophische Fakultät der Universität München, Diss., 1983.

SCHMAUDER, M. (1991):
Ergonomic Product Design under the Aspect of Handedness. In: Proceedings of the 11th International Conference on Production Research (ICPR) 17.–20. 8. 1991, Hefei, China. Hrsg. von Li Ming. New York u. a.: Taylor & Francis, 1991.

SCHMAUDER, M.; SOLF, J. J. (1991):
Händigkeitsgerechte Arbeitsgestaltung – Ergebnisse und Versuche zur Problematik der Linkshändigkeit. In: Jahresdokumentation der Gesellschaft für Arbeitswissenschaft (GfA) 1991, Bericht zum 37. Arbeitswissenschaftlichen Kongreß, Dresden. Köln: O. Schmidt, 1991.

SCHMAUDER, M.; SOLF, J. J. (1992a):
Einfluß der Händigkeit bei der Handhabung von Arbeitsmitteln. Schriftenreihe der Bundesanstalt für Arbeitsschutz, Fb 661. Bremerhaven: Wirtschaftsverlag NW, 1992.

SCHMAUDER, M., SOLF, J. J. (1992b):
Kräfte im Hand-Arm-System Vergleichsuntersuchungen zur Problematik der Linkshändigkeit. In: Jahresdokumentation der Gesellschaft für Arbeitswissenschaft (GfA) 1992, Bericht zum 38. Arbeitswissenschaftlichen Kongreß, Braunschweig. Köln: O. Schmidt, 1992.

SCHMAUDER, M., ECKERT, R.; SCHINDHELM, R. (1993):
Forces in the hand-arm-system – Investigations of the problems of left-handedness. In: International Journal of Industrial Ergonomics (IJIE) 12 (1993), S. 231–237.

SCHMIDT, R. A. (1988):
Motor Control and Learning – A Behavioral Emphasis. Champaign / USA: Human kinetic books, 1988.

SCHMIDTKE, H. (1993):
Ergonomie. 3. Auflage. München / Wien: Hanser, 1993.

SCHMIDTKE, H.; RÜHMANN, H. (1980):
Ergonomische Gestaltung von Steuerständen. Schriftenreihe der Bundesanstalt für Arbeitsschutz, Forschungsbericht Nr. 191. Bremerhaven: Wirtschaftsverlag NW, 1980.

SCHUBÖ. W.; UEHLINGER, H.-M. (1984):
SPSS^{x} Handbuch der Programmversion 2. Stuttgart: Fischer, 1984.

SIMON, J. R.; DE CROW, TH. W.; LINCOLN, R. S.; SMITH, K. U. (1964):
Effects of Handedness on Tracking Accuracy. In: Perceptual and Motor Skills 4 (1964), S. 53–57.

SIRJITA, N.; BIRZEA, C. (1970):
Arbeitswissenschaftliche Probleme der vorherrschenden Hand ("Seitigkeit"). In: Arbeit und Leistung 24 (1970), Nr. 11, S. 206–209.

SOVAK, V. M.; ASCHMONEIT, W. (1970):
Das Rechts-Links-Problem in der Pädagogik und Rehabilitation Körperbehinderter. In: Arbeit und Leistung 24 (1970), Nr. 11, S. 209–210.

SPANNER, B. (1993):
Einfluß der Kompatibilität von Stellteilen auf die menschliche Zuverlässigkeit. Fortschr.-Ber. VDI Reihe 17 Nr. 89. Düsseldorf: VDI-Verlag, 1993.

SPRINGER, S.; DEUTSCH, G. (1984):
Linkes Rechtes Gehirn: Funktionelle Asymmetrien. In: Spektrum der Wissenschaft (1984), S. 1–229.

STEINBACH, M. (1964):
Händigkeit und Beinigkeit – Ein Beitrag zur Frage der Dominanz einer Hemisphäre. In: Der Nervenarzt 35 (1964), Nr. 7, S. 299–303.

STEINGRÜBER, H.-J. (1971a):
Hand-Dominanz-Test H-D-T. Hrsg. von G. A. Lienert. Hogrefe: Verlag für Psychologie, 1971.

STEINGRÜBER, H.-J. (1971b):
Zur Messung der Händigkeit. In: Zeitschrift für experimentelle und angewandte Psychologie 18 (1971), S. 337–357.

STRAUSS, E.; GOLDSMITH, S. M. (1987):
Lateral Preferences and Performance on Non-Verbal Laterality Tests in a Normal Population. In: Cortex 23 (1987), Nr. 3, S. 495–503.

STÜSSI, E.; DENOTH, J. (1989):
Sport und Physik – Physikal. Untersuchungen helfen die Belastungsgrenzen des menschl. Bewegungsapparates zu erforschen. In: Physik in unserer Zeit 20 (1989), Nr. 1, S. 1–7.

SUCHENWIRTH, R. M. A. (1980):
Linkshänder in Schule und Beruf – Praktische Ratschläge zur Anwendung der Ergebnisse der Hirnhemisphärendominanzforschung. In: Das Öffentliche Gesundheitswesen 42 (1980), Nr. 4, S. 217–222.

SUCHENWIRTH, R.; GALLENKAMP, U. (1967):
Die Lateralisation der manuellen Leistung (Rechts- und Linkshändigkeit) in Abhängigkeit vom Lebensalter. In: Fortschritte der Neurologie, Psychiatrie und ihrer Grenzgebiete 35 (1967), S. 373–381.

TAN, U. (1988):
The Distribution of Hand Preference in Normal Men and Women. In: International Journal of Neuroscience 41 (1988), Nr. 1–2, S. 35–55.

TANAKA, M.; MC DONAGH, M. J. N.; DAVIES, C. T. M. (1984):
A Comparison of the Mechanical Properties of the First Dorsal Interosseous in the Dominant and Non-Dominant Hand. In: European Journal of Applied Physiology 53 (1984), S. 17–20.

TANKLE, R. S.; HEILMANN, K. M. (1983):
Mirror Writing in Right-Handers and in Left-Handers. In: Brain and Language 19 (1983), S. 115–123.

TAPLEY, S. M.; BRYDEN, M. P. (1985):
A Group Test for the Assessment of Performance between the Hands. In: Neuropsychologia 23 (1985), Nr. 2 , S. 215–221.

TILLMANNS, U. (1989):
Kamera für Linkshänder. In: Photographie (1989), Nr. 12, S. 46–47.

UDRIS, I. (1982):
Psychische Belastung und Beanspruchung. In: L. Zimmermann (Hrsg.): Humane Arbeit – Leitfaden für Arbeitnehmer, Bd. 5. Hamburg, 1982.

ULLMANN, J. F. (1974):
Psychologie der Lateralität: Humanspezifische Seitigkeitsausprägung und ihre determinierende Funktion. Bern / Stuttgart / Wien: Verlag Hans Huber, 1974.

WACHTEL, S.; JENDRUSCH, A. (1990):
Das Linksphänomen. Eine Entdeckung und ihr Schicksal. Berlin: Links-Druck, 1990.

WANG, B.; STRASSER, H. (1993):
Left- and righthanded screwdriver torque strenght and physiological cost of muscles involved in Arm pronation and supination. In: Ergonomics of materials handling. EMH´93 Conferenc proceedings. New York: Taylor & Francis, 1993.

WEGENER, H. (1952):
Zur Psychologie der Linkshändigkeit. In: Praxis der Kinderpsychologie und Kinderpsychiatrie 1 (1952), Nr. 1, S. 257–265.

WELFORD, A. T. (1968):
Fundamentals of Skill. London: Methuen, 1968.

WIRTH, I.; ANNECKE, R. (1987):
Untersuchungen zur Bedeutung der Lateralität für die Flugsicherheit in der zivilen Luftfahrt. In: Verkehrsmedizin und ihre Grenzgebiete 34 (1987), Nr. 6, S. 295–299.

WISO (1986):
Sind Linkshänder gelinkt im Alltags- und Berufsleben? In: ZDF WISO-Magazin, 20.1.1986.

WYKE, M. (1969):
Influence of Direction on the Rapidity of Bilateral Arm Movements. In: Neuropsychologia 7 (1969), S. 189–194.

ZIMMER, D. E.:
Die edle Rechte und die schlimme Linke. Teil 1 und 2, In: Zeitmagazin (1984), Nr. 17, S. 38–53; Nr. 18, S. 44–53.

11 Anhang

11.1 Ergebnisse der Probandenklassifikation

Prob. Nr.	Masse [kg]	Körperhöhe [cm]	Reichweite nach vorne [cm]	Schulterhöhe im Sitzen [cm]	Schulterbreite zw. den Akromien [cm]	Oberarmumfang rechts [cm]	Oberarmumfang links [cm]	Unterarmumfang rechts [cm]	Unterarmumfang links [cm]	Handlänge [cm]	Ponderalindex PI [m/kg$^{1/3}$]
1	58,8	171,5	70,5	60	35	23	24,5	21	21,5	18,7	0,441
2	67	177,5	71	59,5	37,5	26,5	26,5	21,5	21,5	19,5	0,437
3	64	171	68	60,5	37,2	26	26,5	23	23	19,5	0,428
4	52,5	157,5	60,5	56,0	33,3	28,5	28	22	22	17,5	0,421
5	68,5	162	62,5	57,5	35	30	30	23	24	20	0,396
6	72,4	185,5	78	61,3	40	29	28	25	25	21	0,445
7	66,5	181,5	77	60	39,5	29	30	26	26	21,5	0,448
8	80,5	181	75	63,5	40	32	33,5	27,5	26	21	0,419
9	73	176	69	62	38,5	28,5	29,5	24,5	25	20	0,421
10	67,5	181	73	63,5	34,5	24	26	23	24	21	0,445
ū	**67,07**	**174,5**	**70,45**	**60,38**	**37,05**	**27,65**	**28,25**	**23,65**	**23,8**	**19,97**	**0,4301**
s	**7,72**	**9,02**	**5,75**	**2,39**	**2,47**	**2,76**	**2,7**	**2,07**	**1,74**	**1,23**	**0,0163**
11	70,5	180	75	64,5	40	27	27	23,5	23,5	19	0,436
12	58	166	64	58	36	26,5	27	23,5	22,5	18	0,428
13	63	169	65	62	36,5	26,5	26,5	24	23,5	20,5	0,424
14	75	170,5	67,5	56	39,5	29	29,5	23	23	18,5	0,404
15	50,5	163	68	55	34	24	23,5	20	20,5	17	0,441
16	69,5	190	74,5	66,5	39	29	29	24	25	20,5	0,462
17	63,5	171	74	58,5	38	27	27	25	23	19	0,429
18	69	183	80	62	42	26,5	25	23,5	23,5	22	0,446
19	71	167	65,5	57,5	37,5	30	27	27,5	28	18,5	0,403
20	78	175	74	62	40,5	28,5	28,5	26,5	26,5	20	0,410
ū	**66,8**	**173,5**	**70,75**	**60,2**	**38,3**	**27,4**	**27,0**	**24,05**	**23,9**	**19,3**	**0,428**
s	**8,2**	**8,51**	**5,41**	**3,77**	**2,3828**	**1,75**	**1,8**	**2,03**	**2,12**	**1,46**	**0,019**

ū= Mittelwert
s= Standardabweichung

Bild 34 Anthropometrische Daten der Probanden

Probanden Nr.	Geschlecht m = männlich w = weiblich	Händigkeit RH = Rechts LH = Links	Alter	Beruf	Präferenzquotient PQ
1	w	LH	23	Studentin	- 100
2	w	LH	23	Studentin	- 91
3	w	LH	23	Studentin	- 100
4	w	LH	24	Studentin	- 100
5	w	LH	21	Studentin	- 82
6	m	LH	21	Student	- 91
7	m	LH	26	Student	- 91
8	m	LH	32	Student	- 100
9	m	LH	23	Student	- 100
10	m	LH	24	Student	- 100
11	w	RH	25	Studentin	+ 91
12	w	RH	26	Studentin	+ 100
13	w	RH	24	Studentin	+ 100
14	w	RH	22	Studentin	+ 100
15	w	RH	23	Studentin	+ 100
16	m	RH	24	Student	+ 100
17	m	RH	25	Student	+ 100
18	m	RH	24	Student	+ 100
19	m	RH	28	Student	+ 91
20	m	RH	28	Ingenieur	+ 91

Bild 35 **Ergebnisse des Präferenztests**

Probanden Nr.	1		2		3		4		5			
	Linien nachfahren [Punkte]		O'Connor-Test [sec]		Tapping [Anschläge]		Darts [Punkte]		Maximal-kraft [N]		Ausdauer Leistung [% Max.kr.]	
	L	R	L	R	L	R	L	R	L	R	L	R
1	077	057	189	219	166	149	020	021	258	236	87,6	85,0
2	066	050	198	192	153	122	040	030	268	256	83,6	80,5
3	078	064	170	153	128	124	044	038	298	272	85,2	83,6
4	111	092	159	190	135	128	020	025	234	208	87,5	86,9
5	085	069	155	152	141	136	047	028	268	266	75,6	75,7
6	040	070	184	205	146	136	061	042	444	420	91,1	90,9
7	096	086	209	192	197	200	060	016	486	486	84,9	87,5
8	061	057	181	194	207	201	077	057	512	490	85,9	77,9
9	129	074	154	162	167	160	054	051	464	402	86,5	92,9
10	093	084	238	214	196	163	040	027	426	426	90,3	91,4
11	078	107	250	179	153	204	053	053	290	308	82,3	85,4
12	055	084	215	210	114	176	031	024	244	270	82,3	68,6
13	075	103	235	183	114	158	003	022	208	224	77,2	77,4
14	036	076	201	203	136	180	034	053	264	312	89,1	82,7
15	071	089	218	200	111	118	017	046	154	148	78,8	87,4
16	094	109	186	215	134	155	051	047	408	450	82,7	75,4
17	068	115	175	166	175	214	041	064	412	440	86,7	88,8
18	061	089	179	197	163	176	043	057	370	398	92,6	96,3
19	069	086	230	207	177	213	026	065	414	448	84,8	81,2
20	082	114	242	188	202	243	052	053	458	472	83,6	79,4

Bild 36 **Versuchsergebnisse der Performanz-Testbatterie**

11.2 Ergebnisse der Kraftmeßversuche
(Absolute Werte und Vergleich der Probandengruppen)

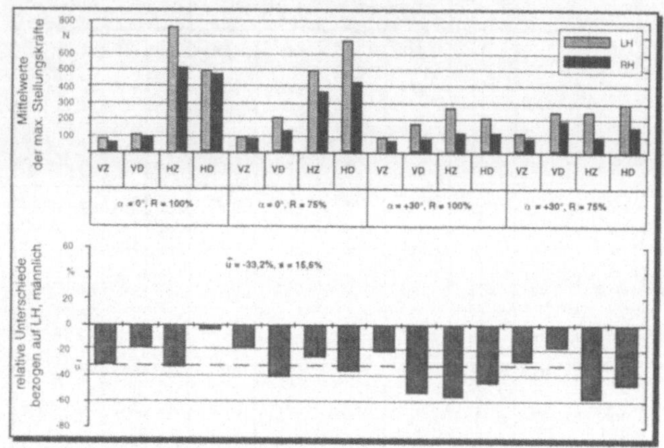

Bild 37 **Mittelwerte und relative Unterschiede der max. Stellungskräfte der männlichen Probandengruppen (Linkes Hand-Arm-System)**

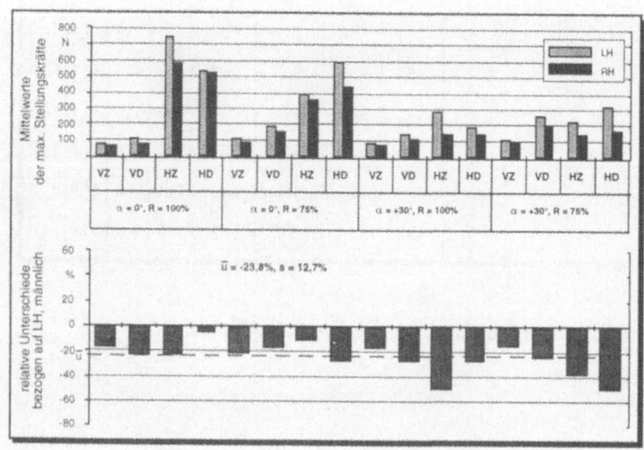

Bild 38 **Mittelwerte und relative Unterschiede der max. Stellungskräfte der männlichen Probandengruppen (Rechtes Hand-Arm-System)**

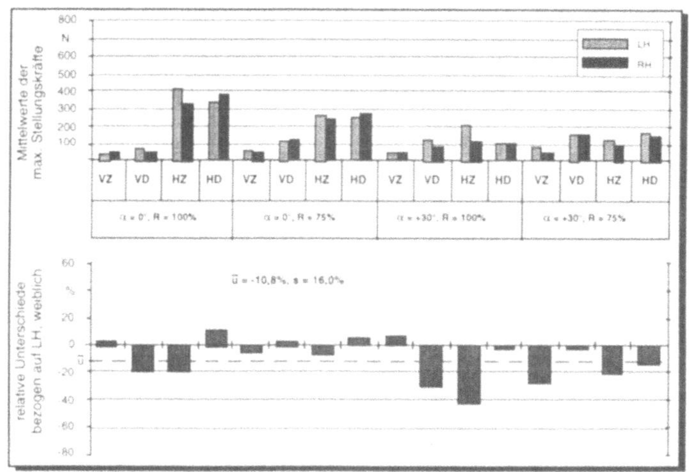

Bild 39 Mittelwerte und relative Unterschiede der max. Stellungskräfte der weiblichen Probandengruppen (Linkes Hand-Arm-System)

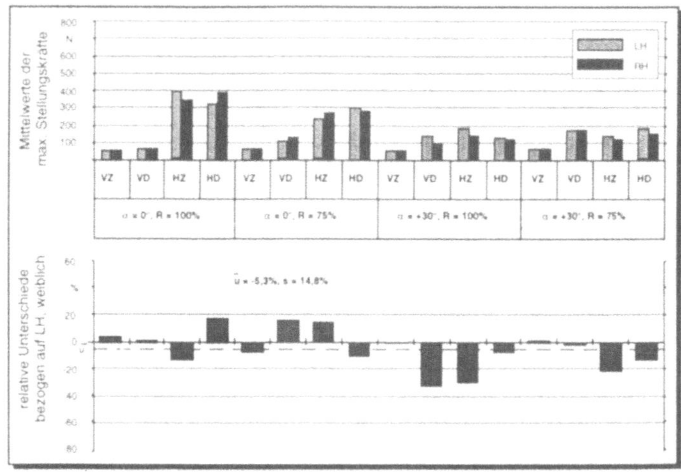

Bild 40 Mittelwerte und relative Unterschiede der max. Stellungskräfte der weiblichen Probandengruppen (Rechtes Hand-Arm-System)

11.3 Ergebnisse der Trackingversuche

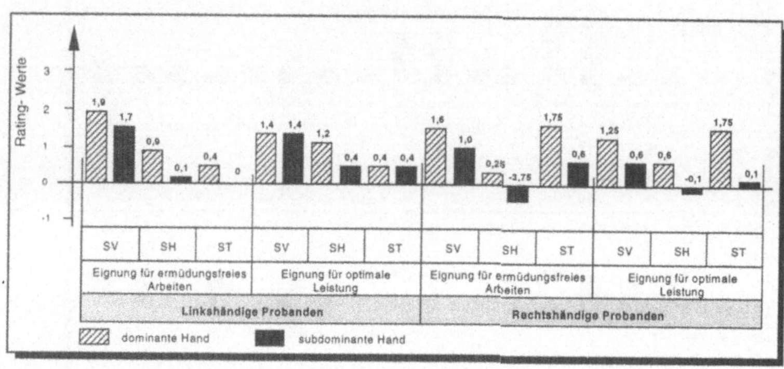

Bild 41 Rating-Mittelwerte der subjektiven Stellteilbeurteilungen

			BL	BR	L	R	pillais	p
Stellteil-Horizontal (SH)	LH	$\overline{x}$	2,365	2,404	2,329	2,403	0,28037	0,484
		s	0,336	0,391	0,381	0,343		
	RH	$\overline{x}$	2,706	2,605	2,742	2,649	0,61468	0,105
		s	0,495	0,498	0,532	0,541		
Stellteil-Vertikal (SV)	LH	$\overline{x}$	2,200	2,301	2,285	2,293	0,42699	0,246
		s	0,437	0,402	0,470	0,365		
	RH	$\overline{x}$	2,424	2,334	2,506	2,380	0,61920	0,102
		s	0,251	0,427	0,355	0,392		
Stellteil-Translation (ST)	LH	$\overline{x}$	2,103	2,261	2,166	2,283	0,54478	0,119
		s	0,403	0,309	0,406	0,275		
	RH	$\overline{x}$	2,453	2,329	2,678	2,303	0,85242	0,007
		s	0,428	0,533	0,577	0,466		

$\overline{x}$ = Mittelwert
s = Standardabweichung
BL = Beidhandfeld links
BR = Beidhandfeld rechts
L = Einhandfeld links
R = Einhandfeld rechts
pillais = Prüfgröße
p = statistische Sicherheit

Bild 42 Datenmatrix der Varianzanalyse ›Effekte zwischen den Feldern‹

			pillais	p				pillais	p
Einhandfeld links	SH	LH	0,7291	0,063	Beidhandfeld rechts	SH	LH	0,05927	0,928
		RH	0,2423	0,802			RH	0,50812	0,206
	SV	LH	0,13140	0,914		SV	LH	0,246	0,550
		RH	0,57771	0,283			RH	0,09376	0,888
	ST	LH	0,67447	0,104		ST	LH	0,09884	0,855
		RH	0,71892	0,117			RH	0,06636	0,931
Beidhandfeld links	SH	LH	0,14740	0,755	Einhandfeld rechts	SH	LH	0,1078	0,940
		RH	0,16648	0,759			RH	0,07129	0,979
	SV	LH	0,71024	0,027		SV	LH	0,20744	0,808
		RH	0,25512	0,593			RH	0,35155	0,636
	ST	LH	0,38269	0,309		ST	LH	0,53245	0,265
		RH	0,31343	0,489			RH	0,90813	0,008

Bild 43 Datenmatrix der Varianzanalyse ›Positionseffekte innerhalb der Felder‹

Tabelle 9 **Ergebnisse der zweifaktoriellen Varianzanalyse des Positions- und Händigkeitsvergleichs im Beidhandfeld (Faktor 1: Händigkeit, Faktor 2: Position)**

Dominante Hand:

SH:		
Händigkeit:	F(1,17) = 1,56	p = 0,229
Händigkeit x Position:	F(3,51) = 1,65	p = 0,189
Position:	F(3,51) = 1,52	p = 0,222
SV:		
Händigkeit;	F(1,17) = 0,46	p = 0,508
Händigkeit x Position:	F(3,51) = 2,92	p = 0,043
Position:	F(3,51) = 3,10	p = 0,035
ST:		
Händigkeit:	F(1,17) = 1,10	p = 0,309
Händigkeit x Position:	F(3,51) = 0,48	p = 0,699
Position:	F(3,51) = 0,39	p = 0,764

Subdominante Hand:

SH:		
Händigkeit:	F(1,17) = 2,21	p = 0,156
Händigkeit x Position:	F(3,51) = 0,51	p = 0,678
Position:	F(3,51) = 0,47	p = 0,706
SV:		
Händigkeit:	F(1,17) = 0,62	p = 0,441
Händigkeit x Position:	F(3,51) = 0,31	p = 0,819
Position:	F(3,51) = 1,13	p = 0,346
ST:		
Händigkeit:	F(1,17) = 1,27	p = 0,275
Händigkeit x Position:	F(3,51) = 0,31	p = 0,818
Position:	F(3,51) = 1,05	p = 0,378

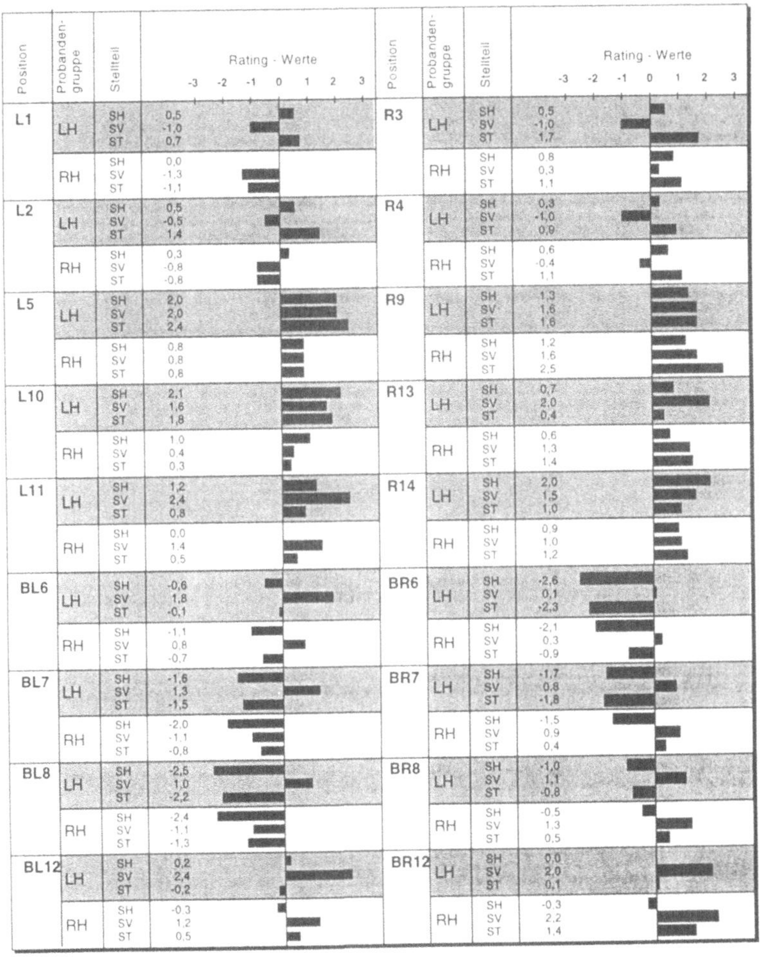

Position	Probanden-gruppe	Stellteil	Rating - Werte (-3 … 3)	Position	Probanden-gruppe	Stellteil	Rating - Werte (-3 … 3)
L1	LH	SH	0,5	R3	LH	SH	0,5
		SV	-1,0			SV	-1,0
		ST	0,7			ST	1,7
	RH	SH	0,0		RH	SH	0,8
		SV	-1,3			SV	0,3
		ST	-1,1			ST	1,1
L2	LH	SH	0,5	R4	LH	SH	0,3
		SV	-0,5			SV	-1,0
		ST	1,4			ST	0,9
	RH	SH	0,3		RH	SH	0,6
		SV	-0,8			SV	-0,4
		ST	-0,8			ST	1,1
L5	LH	SH	2,0	R9	LH	SH	1,3
		SV	2,0			SV	1,6
		ST	2,4			ST	1,6
	RH	SH	0,8		RH	SH	1,2
		SV	0,8			SV	1,6
		ST	0,8			ST	2,5
L10	LH	SH	2,1	R13	LH	SH	0,7
		SV	1,6			SV	2,0
		ST	1,8			ST	0,4
	RH	SH	1,0		RH	SH	0,6
		SV	0,4			SV	1,3
		ST	0,3			ST	1,4
L11	LH	SH	1,2	R14	LH	SH	2,0
		SV	2,4			SV	1,5
		ST	0,8			ST	1,0
	RH	SH	0,0		RH	SH	0,9
		SV	1,4			SV	1,0
		ST	0,5			ST	1,2
BL6	LH	SH	-0,6	BR6	LH	SH	-2,6
		SV	1,8			SV	0,1
		ST	-0,1			ST	-2,3
	RH	SH	-1,1		RH	SH	-2,1
		SV	0,8			SV	0,3
		ST	-0,7			ST	-0,9
BL7	LH	SH	-1,6	BR7	LH	SH	-1,7
		SV	1,3			SV	0,8
		ST	-1,5			ST	-1,8
	RH	SH	-2,0		RH	SH	-1,5
		SV	-1,1			SV	0,9
		ST	-0,8			ST	0,4
BL8	LH	SH	-2,5	BR8	LH	SH	-1,0
		SV	1,0			SV	1,1
		ST	-2,2			ST	-0,8
	RH	SH	-2,4		RH	SH	-0,5
		SV	-1,1			SV	1,3
		ST	-1,3			ST	0,5
BL12	LH	SH	0,2	BR12	LH	SH	0,0
		SV	2,4			SV	2,0
		ST	-0,2			ST	0,1
	RH	SH	-0,3		RH	SH	-0,3
		SV	1,2			SV	2,2
		ST	0,5			ST	1,4

Bild 44 Rating-Mittelwerte der Positionsbeurteilungen

IPA Forschung und Praxis

Schriftenreihe aus dem Institut für Produktionstechnik und Automatisierung, Stuttgart

Herausgeber: Prof. Dr.-Ing. H. J. Warnecke

Datenerfassung im Produktionsbereich
Von E. Bendeich. ISBN 3-7830-0117-8.
1977, 176 Seiten, kartoniert. 54,— DM

Methodenauswahl für die Materialbewirtschaftung in Maschinenbau-Betrieben
Von H. Graf. ISBN 3-7830-0136-6.
1977, 144 Seiten, kartoniert. 54,— DM

Systematische Auswahl von Förderhilfsmitteln für den innerbetrieblichen Materialfluß
Von W. Rau. ISBN 3-7830-0139-0.
1977, 103 Seiten, kartoniert. 40,— DM

Grundlagen zur Planung von Ersatzteilfertigungen
Von E. Schulz. ISBN 3-7830-0138-2.
1977, 98 Seiten, kartoniert. 40,— DM

Rechnerunterstützte Fabrikplanung
Von B. Minten. ISBN 3-7830-0116-1.
1977, 124 Seiten, kartoniert. 38,— DM

Eine Planungsmethode für automatische Montagesysteme
Von H.-G. Lohr. ISBN 3-7830-0120-X.
1977, 108 Seiten, kartoniert. 32,— DM

Planung und Bewertung von Arbeitssystemen in der Montage
Von H. Metzger. ISBN 3-7830-0131-5.
1977, 108 Seiten, kartoniert. 40,— DM

Klassifizierungssystem für Prüfmittel der industriellen Längenprüftechnik
Von R. Czetto. ISBN 3-7830-0144-7.
1978, 181 Seiten, kartoniert. 64,— DM

Rechnerunterstützte Montageplanung
Von O. Hirschbach. ISBN 3-7830-0149-8.
1978, 146 Seiten, kartoniert. 52,— DM

Rechnerunterstützte Entwicklung von Simulationsmodellen für Unternehmensplanspiele
Von A. Moker. ISBN 3-7830-0147-1.
1978, 181 Seiten, kartoniert. 64,— DM

Arbeitsplatzanalysen zur Ermittlung der Einsatzmöglichkeiten und Anforderungen an Industrieroboter
Von G. Herrmann. ISBN 37830-0151-X.
1978, 113 Seiten, kartoniert. 40,— DM

MFSP — Ein Verfahren zur Simulation komplexer Materialflußsysteme
Von G. Stemmer. ISBN 3-7830-0118-8.
1977, 140 Seiten, kartoniert. 60,— DM

Berührungslose Erkennung durch Positionsbestimmung von Objekten durch inkohärent-optische Korrelation
Von M. Konig. ISBN 3-7830-0137-4.
1977, 110 Seiten, kartoniert. 40,— DM

Auslegung von Störungspuffern in kapitalintensiven Fertigungslinien
Von R. v. Stetten. ISBN 3-7830-0140-4.
1977, 154 Seiten, kartoniert. 56,— DM

Flexible Transportablaufsteuerung
Von G. Römer. ISBN 3-7830-0114-5.
1977, 188 Seiten, kartoniert. 60,— DM

Rechnergestützte Realplanung von Fabrikanlagen
Von T.-K. Sauter. ISBN 3-7830-0119-6.
1977, 108 Seiten, kartoniert. 32,— DM

Systematisches Auswählen und Konzipieren von programmierbaren Handhabungsgeräten
Von R. D. Schraft. ISBN 3-7830-0115-3.
1977, 108 Seiten, kartoniert. 32,— DM

Auslandsproduktion
Von W. Cypris. ISBN 3-7830-0145-5.
1978, 126 Seiten, kartoniert. 42,— DM

Wirtschaftlicher Einsatz von Mehrkoordinatenmeßgeräten
Von M. Dietzsch. ISBN 3-7830-0148-X.
1978, 142 Seiten, kartoniert. 52,— DM

Fertigungssteuerung bei flexiblen Arbeitsstrukturen
Von K.-G. Lederer. ISBN 3-7830-0146-3.
1978, 128 Seiten, kartoniert. 42,— DM

Untersuchungen zum Polieren und Entgraten durch elektrochemisches Oberflächenabtragen
Von K. Zerweck. ISBN 3-7830-0150-1.
1978, 110 Seiten, kartoniert. 40,— DM

Stufenweise Ableitung eines praktischen Planungssystems für den Entwicklungsbereich
Von R. Hichert. ISBN 3-7830-0149-8.
1978, 151 Seiten, kartoniert. 52.– DM

Produktionsplanung mit Auftragsfamilien
Von U. W. Geitner. ISBN 3-7830-0161-7
1979, 110 Seiten, kartoniert. 45.– DM

Thermisch-chemisches Entgraten
Von T. Wagner. ISBN 3-7830-0164-1.
1979, 111 Seiten, kartoniert. 45.– DM

Untersuchung der Materialflußkosten bei ausgewählten Systemen der Zentralen Arbeitsverteilung
Von R. Wenzel. ISBN 3-7830-0162-5
1979, 168 Seiten, kartoniert. 86.– DM

Anpassung und Einführung eines Planungssystems für die Ablaufplanung im Konstruktionsbereich
Von W. Dangelmaier. ISBN 3-7830-0163-3
1979, 168 Seiten, kartoniert. 80.– DM

Längenmessungen an bewegten Teilen mit berührungslos wirkenden Aufnehmern
Von H. Lang. ISBN 3-7830-0157-9
1979, 89 Seiten, kartoniert. 42.– DM

Untersuchung multistabiler Strömungselemente und ihr Einsatz in sequentiellen Steuerungen
Von A. Ernst. ISBN 3-7830-0157-9.
1979, 122 Seiten, kartoniert. 48.– DM

Taktile Sensoren für programmierbare Handhabungsgeräte
Von M. Schweizer. ISBN 3-7830-0158-7.
1979, 91 Seiten, kartoniert. 42.– DM

Die rechnerunterstützte Prüfplanung
Von P. Blasing. ISBN 3-7830-0152-8.
1979, 100 Seiten, kartoniert. 44.– DM

Verfahren zur Fabrikplanung im Mensch-Rechner-Dialog am Bildschirm
Von W. Ernst. ISBN 3-7830-0156-0.
1979, 218 Seiten, kartoniert. 72.– DM

Rechnerunterstütztes Verfahren zur Leistungsabstimmung von Mehrmodell-Montagesystemen
Von M. Gorke. ISBN 3-7830-0155-2.
1979, 139 Seiten, kartoniert. 50.– DM

Standortbezogene Betriebsmittel
Von G. Pflieger. ISBN 3-7830-0167-6.
1979, 127 Seiten, kartoniert. 52.– DM

Die betriebswirtschaftliche Beurteilung neuer Arbeitsformen
Von B.-H. Zippe. ISBN 3-7830-0168-4.
1979, 350 Seiten, kartoniert. 98.– DM

Untersuchung des Arbeitsverhaltens programmierbarer Handhabungsgeräte
Von B. Brodbeck. ISBN 3-7830-0169-2.
1979, 117 Seiten, kartoniert. 48.– DM

Untersuchung eines kohärent-optischen Verfahrens zur Rauheitsmessung
Von N. Rau. ISBN 3-7830-0174-9.
1979, 117 Seiten, kartoniert. 48.– DM

Entwicklung einer programmierbaren, pneumatischen Steuerung
Von D. Klemenz. ISBN 3-7830-0171-4.
1979, 93 Seiten, kartoniert. 42.– DM

IPA Forschung und Praxis

Berichte aus dem Fraunhofer-Institut für Produktionstechnik und Automatisierung, Stuttgart, und dem Institut für Industrielle Fertigung und Fabrikbetrieb der Universität Stuttgart

Herausgeber: Prof. Dr.-Ing. H. J. Warnecke

---

38 **Arbeitsgangterminierung mit variabel strukturierten Arbeitsplänen — Ein Beitrag zur Fertigungssteuerung flexibler Fertigungssysteme**
Von U. Maier. ISBN 3-540-10213-2
1980. 111 Seiten mit 45 Abbildungen. 43,-- DM

39 **Kapazitätsabgleich bei flexiblen Fertigungssystemen**
Von P. S. Nieß. ISBN 3-540-10372-4
1980. 151 Seiten mit 57 Abbildungen 48,-- DM

40 **Schichtdickenverteilung auf galvanisierten Paßteilen am Beispiel kleiner abgesetzter Wellen und Bohrungen**
Von D. Wolfhard. ISBN 3-540-10373-2
1980. 177 Seiten mit 83 Abbildungen 48,-- DM

41 **Planung von Mehrstellenarbeit unter Berücksichtigung von Umfeldaufgaben**
Von S. Haußermann. ISBN 3-540-10374-0
1980. 136 Seiten mit 59 Abbildungen 48,-- DM

42 **Untersuchungen zur Schmierfilmdicke in Druckluftzylindern — Beurteilung der Abstreifwirkung und des Reibungsverhaltens von Pneumatikdichtungen mit Hilfe eines neu entwickelten Schmierfilmdicken-meßverfahrens**
Von R. Kohnlechner. ISBN 3-540-10375-9
1980. 100 Seiten mit 38 Abbildungen und 4 Tabellen. 43,— DM

43 **Typologie zum überbetrieblichen Vergleich von Fertigungssteuerungsverfahren im Maschinenbau**
Von G. Rabus. ISBN 3-540-10376-7
1980. 174 Seiten mit 88 Abbildungen und 21 Tafeln. 48,— DM

44 **System zur Planung des Umlaufbestandes in Betrieben mit Serienfertigung**
Von K.-G. Wilhelm. ISBN 3-540-10377-5.
1980. 142 Seiten mit 67 Abbildungen und 15 Tafeln. 48,— DM

45 **Rechnerunterstützte Arbeitsplanerstellung mit Kleinrechnern, dargestellt am Beispiel der Blechbearbeitung**
Von W. Hoheisel. ISBN 3-540-10505-0
1981. 169 Seiten mit 74 Abbildungen. 48,— DM

46 **Beitrag zur Verbesserung der Wirtschaftlichkeit EDV-unterstützter Fertigungssteuerungssysteme durch Schwachstellenanalyse**
Von J. Lienert. ISBN 3-540-10506-9
1981. 148 Seiten mit 37 Abbildungen. 48,— DM

47 **Die Abscheidung von Öl an Entlüftungsöffnungen drucklufttechnischer Anlagen**
Von W.-D. Kiessling. ISBN 3-540-10604-9
1981. 117 Seiten mit 48 Abbildungen und 3 Tabellen. 43,— DM

48 **Dynamische Optimierung technisch-ökonomischer Systeme**
Von J. Warschat. ISBN 3-540-10717-7.
1981. 132 Seiten mit 60 Abbildungen. 43,-- DM

49 **Bildsensor zur Mustererkennung und Positionsmessung bei programmierbaren Handhabungsgeräten**
Von H. Geißelmann. ISBN 3-540-10735-5.
1981. 125 Seiten mit 52 Abbildungen. 43,-- DM

50 **Verfügbarkeitsberechnung für komplexe Fertigungseinrichtungen**
Von Ekkehard Gericke. ISBN 3-540-10779-7.
1981. 132 Seiten mit 71 Abbildungen. 43,— DM

51 **Materialflußgestaltung in Fertigungssystemen**
Von Willi Rößner. ISBN 3-540-10888-2.
1981, 149 Seiten mit 76 Abbildungen. 48,— DM

52 **Beitrag zur Analyse der Auswirkungen der Mikroelektronik, dargestellt am Beispiel der Büromaschinen-Industrie**
Von Werner Neubauer. ISBN 3-540-10991-9.
1981, 145 Seiten mit 27 Abbildungen und 47 Tabellen. 43,— DM

53 **Modelle von Informationssystemen zur kurzfristigen Fertigungssteuerung und ihre Gestaltung nach betriebsspezifischen Gesichtspunkten**
Von Roland Gentner. ISBN 3-540-10992-7.
1981, 181 Seiten mit 69 Abbildungen und 7 Tabellen. 48,— DM

54 **Entwicklung von Verfahren zur Terminplanung und -steuerung bei flexiblen Montagesystemen**
Von Jurgen H. Kolle. ISBN 3-540-11227-8.
1981, 132 Seiten mit 64 Abbildungen und 1 Faltplan. 43,— DM

55 **Arbeits- und Kapazitätsteilung in der Montage**
Von Stefan Dittmayer. ISBN 3-540-11228-6.
1981, 124 Seiten und 56 Abbildungen. 43,— DM

56 **Beitrag zur systematischen Planung der Qualitätsprüfung bei Klein- und Mittelserienfertigung**
Von Herbert Babic. ISBN 3-540-11325-8
1982, 108 Seiten mit 38 Abbildungen und 7 Tabellen. 53,— DM

57 **Methode zur rechnerunterstützten Einsatzplanung von programmierbaren Handhabungsgeräten**
Von Uwe Schmidt-Streier. ISBN 3-540-11355-X.
1982, 188 Seiten mit 72 Abbildungen. 53.– DM

58 **Werkstoff- und Energiekennwerte industrieller Lackieranlagen, am Beispiel der Automobilindustrie**
Von Rainer Manfred Thiel. ISBN 3-540-11356-8.
1982, 116 Seiten mit 59 Abbildungen. 53.– DM

59 **Maßnahmen zum Verbessern der pneumatischen Lackzerstäubung – Teilchengrößenbestimmung im Spritzstrahl –**
Von Klaus Werner Thomer. ISBN 3-540-11507-2.
1982, 162 Seiten mit 94 Abbildungen und 1 Tabelle. 53.– DM

60 **Ermittlung und Bewertung von Rationalisierungsmaßnahmen im Produktionsbereich**
Von Jürgen Schilde. ISBN 3-540-11730-X.
1982, 158 Seiten mit 57 Abbildungen. 53.– DM

61 **Untersuchung von Verfahren der Reihenfolgeplanung und ihre Anwendung bei Fertigungszellen**
Von Mohamed Osman. ISBN 3-540-11747-4.
1982, 124 Seiten mit 32 Abbildungen und 3 Tabellen. 53.– DM

62 **Ein Simulationsmodell zur Planung gruppentechnologischer Fertigungszellen**
Von Volker Saak. ISBN 3-540-11747-4.
1982, 134 Seiten mit 53 Abbildungen. 53.– DM

63 **Verfahren zur technischen Investitionsplanung automatisierter Fertigungsanlagen**
Von Günter Vettin. ISBN 3-540-11747-4.
1982, 134 Seiten mit 63 Abbildungen. 53.– DM

64 **Pneumatische Sensoren zur prozeßsimultanen Messung des Werkzeugverschleißes und zur Kollisionsvermeidung beim Messerkopffräsen**
Von Wolfgang Jentner. ISBN 3-540-11747-4.
1982, 126 Seiten mit 47 Abbildungen und 6 Tabellen. 53.– DM

65 **Rechnerunterstützte Gestaltung ortsgebundener Montagearbeitsplätze, dargestellt am Beispiel kleinvolumiger Produkte**
Von Eberhard Haller. ISBN 3-540-12015-7.
1982, 130 Seiten mit 43 Abbildungen. 53.– DM

66 **Fernsehüberwachung von Schutzgasschweißvorgängen mit abschmelzender Elektrode MIG – MAG**
Von Ruprecht Niepold. ISBN 3-540-12181-7.
1983, 178 Seiten mit 73 Abbildungen und 5 Tabellen. 58.– DM

67 **Entwicklung flexibler Ordnungssysteme für die Automatisierung der Werkstückhandhabung in der Klein- und Mittelserienfertigung**
Von Karl Weiss. ISBN 3-540-12455-1.
1983, 116 Seiten mit 68 Abbildungen. 58.– DM

68 **Automatisierte Überwachungsverfahren für Fertigungseinrichtungen mit speicherprogrammierten Steuerungen**
Von Werner Eißler. ISBN 3-540-12456-X.
1983, 128 Seiten mit 66 Abbildungen. 58.– DM

69 **Prozeßüberwachung beim Galvanoformen**
Von Jürgen Wilhelm Böcker. ISBN 3-540-12457-8.
1983, 118 Seiten mit 32 Abbildungen. 58.– DM

70 **LAPEX – Ein rechnerunterstütztes Verfahren zur Betriebsmittelzuordnung**
Von Stephan Mayer. ISBN 3-540-12490-X.
1983, 162 Seiten mit 34 Abbildungen und 2 Tabellen. 58.– DM

71 **Gestaltung eines integrierten Produktionssystems für die Sortenfertigung unter Einsatz der Clusteranalyse**
Von Gerald Weber. ISBN 3-540-12650-3.
1983, 194 Seiten mit 54 Abbildungen. 58.– DM

72 **Gußputzen mit sensorgeführten, programmierbaren Handhabungsgeräten**
Von Eberhard Abele. ISBN 3-540-12651-1.
1983, 133 Seiten mit 66 Abbildungen. 58,– DM

73 **Untersuchungen zur Herstellung und zum Einsatz galvanogeformter Erodierelektroden**
Von Harald Müller. ISBN 3-540-12822-0.
1983, 148 Seiten mit 78 Abbildungen. 58,– DM

74 **Ein Beitrag zur Optimierung der Prozeßführungsstrategien automatisierter Förder- und Materialflußsysteme**
Von Hans Steffens. ISBN 3-540-12968-5.
1983. 161 Seiten mit 60 Abbildungen. 58,– DM

75 **Entwicklung eines Verfahrens zur wertmäßigen Bestimmung der Produktivität und Wirtschaftlichkeit von Personalentwicklungsmaßnahmen in Arbeitsstrukturen**
Von Christian Müller. ISBN 3-540-13041-1.
1983. 129 Seiten mit 34 Abbildungen. 58,– DM

76 **Berechnung der Gestaltänderung von Profilen infolge Strahlverschleiß**
Von Wolfgang Marx. ISBN 3-540-13054-3.
1983. 121 Seiten mit 58 Abbildungen. 58,– DM

77 **Algorithmen zur flexiblen Gestaltung der kurzfristigen Fertigungssteuerung**
Von Rudolf E. Scheiber. ISBN 3-540-13500-6.
1984, 150 Seiten mit 73 Abbildungen und 1 Tabelle. 63.– DM

78 **Galvanisieren mit moduliertem Strom**
Von Jürgen Wolfgang Mann. ISBN 3-540-13733-5.
1984, 145 Seiten und 58 Abbildungen. 63,– DM

79 **Fluoreszenzmeßverfahren zur Schmierfilmdickenmessung in Wälzlagern**
Von Wolfgang Schmutz. ISBN 3-540-13777-7.
1984, 141 Seiten und 66 Abbildungen. 63,– DM

IPA-IAO Forschung und Praxis

Berichte aus dem Fraunhofer-Institut für Produktionstechnik und Automatisierung (IPA), Stuttgart, Fraunhofer-Institut für Arbeitswirtschaft und Organisation (IAO), Stuttgart, und Institut für Industrielle Fertigung und Fabrikbetrieb der Universität Stuttgart

Herausgeber: Prof. Dr.-Ing. H. J. Warnecke und Prof. Dr.-Ing. H.-J. Bullinger

---

80 **Flexibilität und Kapazität von Werkstückspeichersystemen**
Von Bernhard Graf. ISBN 3-540-13970-2.
1984, 115 Seiten mit 71 Abbildungen. 63,– DM

T1 **Flexible Fertigungssysteme**
17. IPA-Arbeitstagung zusammen mit der 3. Internationalen Konferenz „Flexible Manufacturing Systems (FMS-3)", ISBN 3-540-13807-2.
1984, 249 Seiten mit zahlreichen Abbildungen. 118,– DM

T2 **Integrierte Bürosysteme**
3. IAO-Arbeitstagung. ISBN 3-540-13978-8.
1984, 633 Seiten mit zahlreichen Abbildungen. 168,– DM

81 **Rechnerunterstützte Planung von Montageablaufstrukturen für Erzeugnisse der Serienfertigung**
Von Ernst-Dieter Ammer. ISBN 3-540-15056-0.
1985, 120 Seiten mit 1 Faltblatt und 33 Abbildungen. 63,– DM

82 **Flexibilität von personalintensiven Montagesystemen bei Serienfertigung**
Von Heinrich Vähning. ISBN 3-540-15093-5.
1985, 152 Seiten mit 49 Abbildungen. 63,– DM

83 **Ordnen von Werkstücken mit programmierbaren Handhabungsgeräten und Werkstückerkennungssensoren**
Von Ingo Schmidt. ISBN 3-540-15375-6.
1985, 111 Seiten mit 66 Abbildungen. 63,– DM

84 **Systematische Investitionsplanung**
Von Jorge Moser. ISBN 3-540-15370-5.
1985, 190 Seiten mit 69 Abbildungen. 63,– DM

T3 **Montage · Handhabung · Industrieroboter**
Internationaler MHI-Kongreß im Rahmen der Hannover-Messe '85. ISBN 3-540-15500-7.
1985, 267 Seiten mit zahlreichen Abbildungen. 128,– DM

85 **Flexible Montagesysteme – Konzeption und Feinplanung durch Kombination von Elementen**
Von Peter Konold / Bernd Weller. ISBN 3-540-15606-2.
1985, 162 Seiten mit 71 Abbildungen und 9 Tabellen. 63,– DM

T4 **Menschen · Arbeit · Neue Technologien**
4. IAO-Arbeitstagung zusammen mit der 2. Internationalen Konferenz „Human Factors in Manufacturing". ISBN 3-540-15763-8.
1985, 442 Seiten mit zahlreichen Abbildungen. 168,– DM

86 **Leitstandunterstützte kurzfristige Fertigungssteuerung bei Einzel- und Kleinserienfertigung**
Von Lothar Aldinger. ISBN 3-540-15903-7.
1985, 151 Seiten mit 49 Abbildungen und 2 Tabellen. 63,– DM

87 **Bestimmen des Bürstenverhaltens anhand einer Einzelborste**
Von Klaus Przyklenk. ISBN 3-540-15956-8.
1985, 117 Seiten mit 74 Abbildungen. 63,– DM

88 **Montage großvolumiger Produkte mit Industrierobotern**
Von Jörg Walther. ISBN 3-540-16027-2.
1985, 125 Seiten mit 58 Abbildungen. 63,– DM

89 **Algorithmen und Verfahren zur Erstellung innerbetrieblicher Anordnungspläne**
Von Wilhelm Dangelmaier. ISBN 3-540-16144-9.
1986, 268 Seiten mit 79 Abbildungen. 68,– DM

90 **Bewertung der Instandhaltung von Fertigungssystemen in der technischen Investitionsplanung**
Von Hagen U. Uetz. ISBN 3-540-16166-X.
1986, 129 Seiten mit 38 Abbildungen. 68,– DM

91 **Entgraten durch Hochdruckwasserstrahlen**
Von Manfred Schlatter. ISBN 3-540-16172-4.
1986, 167 Seiten mit 89 Abbildungen und 18 Tabellen. 68,– DM

92 **Werkstückorientierte Verfahrensauswahl zum Gußputzen mit Industrierobotern**
Von Wolfgang Sturz. ISBN 3-540-16224-0.
1986, 156 Seiten mit 59 Abbildungen. 68,– DM

93 **Verfahren zur Verringerung von Modell-Mix-Verlusten in Fließmontagen**
Von Reinhard Koether. ISBN 3-540-16499-5.
1986, 175 Seiten mit 46 Abbildungen und 1 Tabelle. 68,– DM

94 **Entwicklung und Einsatz eines interaktiven Verfahrens zur Leistungsabstimmung von Montagesystemen**
Von Günter Schad. ISBN 3-540-16978-4.
1986, 120 Seiten mit 31 Abbildungen und 1 Tabelle. 68,– DM

95 **Qualifizierung an Industrierobotern**
Von Wolfgang Bachl. ISBN 3-540-17018-9.
1986, 218 Seiten mit 30 Abbildungen. 68,– DM

96 **Rechnersimulation des Beschichtungsprozesses beim Elektrotauchlackieren – Anwendung zum Berechnen des Umgriffs**
Von Otto Baumgärtner. ISBN 3-540-17102-9.
1986, 113 Seiten mit 42 Abbildungen. 68,– DM

97 **Ergonomische Gestaltung von Rotationsstellteilen für grob- und sensomotorische Tätigkeiten**
Von Werner F. Muntzinger. ISBN 3-540-17247-5.
1986, 135 Seiten mit 51 Abbildungen und 33 Tabellen. 68,– DM

98 **Die optische Rauheitsmessung in der Qualitätstechnik**
Von R.-J. Ahlers. ISBN 3-540-17242-4.
1986, 133 Seiten mit 56 Abbildungen und 2 Tabellen. 68,– DM

99 **Maschinelle Spracherkennung zur Verbesserung der Mensch-Maschine-Schnittstelle**
Von Gerhard Rigoll. ISBN 3-540-17350-1.
1986, 134 Seiten mit 55 Abbildungen. 68,– DM

100 **Konzeption und Auswahl modularer Magazinpaletten**
Von Thomas Zipse. ISBN 3-540-17584-9.
1987, 126 Seiten mit 54 Abbildungen. 68,– DM

101 **Anschlüsse an Kupferrohre – Herstellung und Automatisierungsmöglichkeit**
Von Eberhard Rauschnabel. ISBN 3-540-17807-4.
1987, 120 Seiten mit 88 Abbildungen. 68,– DM

102 **Mengen- und ablauforientierte Kapazitätsplanung von Montagesystemen**
Von Hans Sauer. ISBN 3-540-17815-5.
1987, 156 Seiten mit 64 Abbildungen. 68,– DM

103 **Verfahrensinstrumentarium zur Werkstückauswahl und Auslegung von Industrieroboterschweißsystemen**
Von Herbert Gzik. ISBN 3-540-17928-3.
1987, 138 Seiten mit 56 Abbildungen. 68,– DM

104 **Integration von Förder- und Handhabungseinrichtungen**
Von Joachim Schuler. ISBN 3-540-17955-0.
1987, 153 Seiten mit 61 Abbildungen. 68,– DM

105 **Produktionsmengen- und -terminplanung bei mehrstufiger Linienfertigung**
Von H. Kühnle. ISBN 3-540-18038-9.
1987, 124 Seiten mit 25 Abbildungen. 68,– DM

106 **Untersuchung des Plasmaschneidens zum Gußputzen mit Industrierobotern**
Von Jong-Oh Park. ISBN 3-540-18037-0.
1987, 142 Seiten mit 70 Abbildungen. 68,– DM

107 **Fügen von biegeschlaffen Steckkontakten mit Industrierobotern**
Von Daegab Gweon. ISBN 3-540-18134-2.
1987, 115 Seiten mit 13 Abbildungen. 68,– DM

108 **Entwicklung eines biomechanischen Modells des Hand-Arm-Systems**
Von Georgios Tsotsis. ISBN 3-540-18135-0.
1987, 163 Seiten mit 45 Abbildungen. 68,– DM

109 **Ein Beitrag zur Planungssystematik für die automatisierte flexible Blechteilefertigung**
Von Thomas Weber. ISBN 3-540-18136-9.
1987, 149 Seiten mit 56 Abbildungen. 68,– DM

110 **Entwicklung eines Meßverfahrens zur Bestimmung des Positionier- und Orientierungsverhaltens von Industrierobotern**
Von Günter Schiele. ISBN 3-540-18137-7.
1987, 116 Seiten mit 48 Abbildungen. 68,– DM

111 **Schwingungsbelastung beim Arbeiten mit handgeführten, einachsigen Motormähgeräten**
Von Peter Kern. ISBN 3-540-18193-8.
1987, 145 Seiten mit 43 Abbildungen und 5 Tabellen. 68,– DM

112 **Entwicklung eines berührungslosen Tastsystems für den Einsatz an Koordinatenmeßgeräten**
Von Hie-Sik Kim. ISBN 3-540-18578-X.
1987, 111 Seiten mit 62 Abbildungen und 4 Tabellen. 68,– DM

113 **Qualifizierung an Industrierobotern – Ziele, Inhalte und Methoden**
Von Volker Korndörfer. ISBN 3-540-18618-2.
1987, 318 Seiten mit 100 Abbildungen. 68,– DM

114 **Funktional und räumlich variables und modulares Laborgerätesystem**
Von Alfred Mack. ISBN 3-540-18786-3.
1988, 116 Seiten mit 39 Abbildungen. 73,– DM

115 **Produktrecycling im Maschinenbau**
Von Rolf Steinhilper. ISBN 3-540-18849-5.
1988, 167 Seiten mit 50 Abbildungen. 73,– DM

116 **Integration der montagegerechten Produktgestaltung in den Konstruktionsprozeß**
Von Rudolf Bäßler. ISBN 3-540-19058-9.
1988, 133 Seiten mit 49 Abbildungen. 73,– DM

117 **Ein Algorithmus zur kapazitätsorientierten Bildung von Losen**
Von Tilmann Greiner. ISBN 3-540-19300-6.
1988, 135 Seiten mit 37 Abbildungen. 73,– DM

118 **Kabelbaummontage mit Industrierobotern**
Von Gerd Schlaich. ISBN 3-540-19301-4.
1988, 131 Seiten mit 62 Abbildungen. 73,– DM

119 **Beitrag zur Verbesserung der Fertigungskostentransparenz bei Großserienfertigung mit Produktvielfalt**
Von Albrecht Köhler. ISBN 3-540-19393-6.
1988, 148 Seiten mit 72 Abbildungen. 73,– DM

120 **Entwicklungs- und Planungshilfen zum Aufbau von flexiblen Ordnungssystemen**
Von Rainer Schanz. ISBN 3-540-19394-4.
1988, 104 Seiten mit 48 Abbildungen. 73,– DM

121 **Bestücken von Leiterplatten mit Industrierobotern**
Von Ernst Wolf. ISBN 3-540-50013-8.
1988, 132 Seiten mit 63 Abbildungen. 73,– DM

122 **Verschleißvorgänge beim Querschneiden dünner Bahnen**
Von Thomas Hülsmann. ISBN 3-540-50049-9.
1988, 126 Seiten mit 47 Abbildungen und 5 Tabellen. 73,– DM

123 **Geometrieprüfung in der Fertigungsmeßtechnik mit bildverarbeitenden Systemen**
Von Claus P. Keferstein. ISBN 3-540-50050-2.
1988, 128 Seiten mit 53 Abbildungen. 73,– DM

124 **Modulares Simulationsmodell für die Abläufe in verketteten Fertigungszellen mit Industrierobotern**
Von Kum-Hoan Kuk. ISBN 3-540-50069-3.
1988, 130 Seiten mit 57 Abbildungen. 73,– DM

125 **Montage von Schläuchen mit Industrierobotern**
Von Bruno Frankenhauser. ISBN 3-540-50072-3.
1988, 139 Seiten mit 63 Abbildungen. 73,– DM

126 **Kommissioniersystem mit Roboter und Mehrstückgreifer**
Von Klaus Baumeister. ISBN 3-540-50133-9.
1988, 104 Seiten mit 53 Abbildungen. 73,– DM

127 **Sensorunterstütztes Programmierverfahren für das Entgraten mit Industrierobotern**
Von Dieter Boley. ISBN 3-540-50175-4.
1988, 128 Seiten mit 67 Abbildungen. 73,– DM

128 **Die Arbeitsraumgestaltung manueller Montagearbeitsplätze mit graphischen und wissensbasierten Methoden**
Von Klaus Lay. ISBN 3-540-50259-9.
1988, 129 Seiten mit 50 Abbildungen und 7 Tabellen. 73,– DM

129 **Automatisierung des Biegerichtens**
Von Stefan Thiel. ISBN 3-540-50432-X.
1988, 142 Seiten mit 57 Abbildungen und 5 Tabellen. 73,– DM

130 **Rechnergestützte Verfahren zur Auslegung der Mechanik von Industrierobotern**
Von Martin-Christoph Wanner. ISBN 3-540-50640-3.
1989, 202 Seiten mit 80 Abbildungen. 73,– DM

131 **Entwicklung eines bestandsorientierten Fertigungssteuerungssystems für die Großserienfertigung am Beispiel des Automobilbaus**
Von G. Hachtel. ISBN 3-540-50639-X.
1989, 163 Seiten mit 34 Abbildungen und 6 Tabellen. 73,– DM

132 **Ergonomische Gestaltung der Benutzerschnittstelle am Antriebssystem des Greifreifenrollstuhls**
Von Ludwig Traut. ISBN 3-540-50877-5.
1989, 210 Seiten mit 127 Abbildungen. 73,– DM

133 **Planung taktzeitoptimierter flexibler Montagestationen**
Von Joachim Schöninger. ISBN 3-540-50896-1.
1989, 122 Seiten mit 47 Abbildungen. 73,– DM

134 **Ein Modell für ein integriertes Qualitäts- und Prüfplanungssystem in der Montage**
Von Josef R. Kring. ISBN 3-540-51195-4.
1989, 140 Seiten mit 60 Abbildungen. 73,– DM

135 **Fertigungsstrukturierung auf der Basis von Teilefamilien**
Von Manfred Auch. ISBN 3-540-51290-X.
1989, 138 Seiten mit 34 Abbildungen. 73,– DM

136 **Kollisionsbehandlung als Grundbaustein eines modularen Industrieroboter-Off-line-Programmiersystems**
Von Andreas Altenhein. ISBN 3-540-51418-X.
1989, 129 Seiten mit 53 Abbildungen. 73,– DM

137 **Ein Beitrag zur Planung und Bewertung Neuer Arbeitsstrukturen in NE-Metallgießereien Dargestellt am Beispiel der Fertigungsinsel**
Von Horst Nespeta. ISBN 3-540-51419-8.
1989, 157 Seiten mit 58 Abbildungen. 73,– DM

138 **Verfahren zur Prüfung der Partikelkontamination in Versorgungssystemen für hochreine Flüssigkeiten**
Von Rolf Herz. ISBN 3-540-51457-0.
1989, 123 Seiten mit 61 Abbildungen. 73,– DM

139 **Messung gekrümmter Flächen mit berührungslosen Verfahren**
Von Leo Schreiber. ISBN 3-540-51493-7.
1989, 119 Seiten mit 72 Abbildungen. 73,– DM

140 **Automatisiertes Lackieren mit steuerbaren Spritzpistolen**
Von Konrad A. Ortlieb. ISBN 3-540-51518-6.
1989, 121 Seiten mit 45 Abbildungen. 73,– DM

141 **Grundlagen zur Entwicklung reinraumtauglicher Handhabungssysteme**
Von Jürgen Geißinger. ISBN 3-540-51959-9.
1989, 124 Seiten mit 82 Abbildungen. 73,– DM

142 **CAD-Video-Somatographie**
Entwicklung und Bewertung einer Methode zur anthropometrischen Arbeitsgestaltung
Von Dieter Lorenz. ISBN 3-540-52163-1.
1989, 169 Seiten mit 61 Abbildungen. 73,– DM

143 **Eine Systemarchitektur für die Gestaltung und das Management verteilter Informationssysteme**
Von Andreas J. Ness. ISBN 3-540-52224-7.
1990, 203 Seiten mit 62 Abbildungen. 78,– DM

144 **Untersuchungen über den optisch-physiologischen Eindruck der Oberflächenstruktur von Lackfilmen**
Von Horst Schene. ISBN 3-540-52226-3.
1990, 149 Seiten mit 106 Abbildungen. 78,– DM

145 **Planungsmethodik für ein Qualitätskostensystem**
Von Alfred Rauba. ISBN 3-540-52477-0.
1990, 166 Seiten mit 73 Abbildungen. 78,– DM

146 **Kleinserienbestückung von Leiterplatten mit bedrahteten Bauelementen durch Industrieroboter**
Von Martin Domm. ISBN 3-540-52867-9.
1990, 106 Seiten mit 48 Abbildungen. 78,– DM

147 **Sensor- und Steuerungssystem für die leitlinienlose Führung automatischer Flurförderzeuge**
Von Gerhard Drunk. ISBN 3-540-53033-9.
1990, 135 Seiten mit 52 Abbildungen. 78,– DM

148 **Ein System zur wissensbasierten Diagnose an CNC-Werkzeugmaschinen durch den Maschinenbediener**
Von Klaus-Peter Fähnrich. ISBN 3-540-53034-7.
1990, 132 Seiten mit 48 Abbildungen und 18 Tabellen. 78,– DM

149 **Werkstückbegleitender Informationsspeicher als Basis für ein informationstechnisches Konzept für Halbleiterfertigungen**
Von Klaus-Dieter Sauter. ISBN 3-540-53236-6.
1990, 115 Seiten mit 55 Abbildungen. 78,– DM

150 **Ein Planungsverfahren zur Erkennung und Bewältigung von Material- und Kapazitätsengpässen bei mehrstufiger Linienfertigung**
Von Ralf-Michael Fuchs. ISBN 3-540-53271-4.
1990, 176 Seiten mit 65 Abbildungen. 78,– DM

151 **Montage von Schrauben mit Industrierobotern**
Von Gernot E. Fischer. ISBN 3-540-53519-5.
1990, 97 Seiten mit 37 Abbildungen. 78,– DM

152 **Flächenorientierte Termin- und Kapazitätsplanung bei innerbetrieblicher Baustellenfertigung**
Von Rolf Schlauch. ISBN 3-540-53584-5.
1990, 130 Seiten mit 53 Abbildungen. 78,– DM

153 **Wissensbasierte Entscheidungsunterstützung bei der Auswahl von Industrierobotern**
Von Günter Jordan. ISBN 3-540-53744-9.
1991, 116 Seiten mit 49 Abbildungen. 78,– DM

154 **Simulationssystem für Fertigungsprozesse mit Stückgutcharakter**
Ein gegenstandsorientiertes System mit parametrisierter Netzwerkmodellierung
Von Bernd-Dietmar Becker. ISBN 3-540-53847-X.
1991, 162 Seiten mit 48 Abbildungen und 47 Tabellen. 78,– DM

155 **Algorithmen der Sprachverarbeitung zur Entwicklung eines vollsynthetischen Sprachausgabesystems**
Von Gerhard Rigoll. ISBN 3-540-53870-4.
1991, 321 Seiten mit 235 Abbildungen. 78,– DM

156 **Wissensbasierte CAD-Systemkomponente zum Entwurf montagegerechter Produkte**
Von Ralph Richter. ISBN 3-540-54725-8.
1991, 137 Seiten mit 56 Abbildungen. 78,– DM

157 **Heftschweißverfahren für das Lagefixieren von Werkstücken beim Schutzgasschweißen mit Industrierobotern**
Von Carsten Martin Claussen. ISBN 3-540-54951-X.
1991, 140 Seiten mit 43 Abbildungen. 78,– DM

158 **Ein Beitrag zur Meßdatenverarbeitung in der Koordinatenmeßtechnik**
Von Thomas Garbrecht. ISBN 3-540-55030-5.
1991, 135 Seiten mit 94 Abbildungen und 5 Tabellen. 78,– DM

159 **Ein Beitrag zur Planung und Optimierung der Verfahrensteilung in der Fertigung**
Von Hans-Peter Roth. ISBN 3-540-55113-1.
1992, 130 Seiten mit 50 Abbildungen. 78,– DM

160 **Flexible Montage von Leitungssätzen mit Industrierobotern**
Von Herbert H. Emmerich ISBN 3-540-55227-8.
1992, 135 Seiten mit 70 Abbildungen. 88,– DM

161 **Toleranzausgleichssysteme für Industrieroboter am Beispiel des feinwerktechnischen Bolzen-Loch-Problems**
Von Uwe Schweigert ISBN 3-540-55228-6.
1992, 119 Seiten mit 61 Abbildungen. 88,– DM

162 **Entwicklung eines interaktiven Simulators auf der Basis von Petri-Netzen zur Modellierung und Bewertung hybrider Montagestrukturen**
Von W. Schweizer ISBN 3-540-55229-4.
1992, 159 Seiten mit 76 Abbildungen. 88,– DM

163 **Entwicklung eines Verfahrens zur rechnerunterstützten Gestaltung verteilter Informationssysteme**
Von Friedemann Reim ISBN 3-540-55269-3.
1992, 151 Seiten mit 43 Abbildungen. 88,– DM

164 **EDV-gestützte Planungs- und Entscheidungshilfen zur Auslegung von Produktionsstrukturen mit strukturkostenoptimierten Dezentralen Verantwortungsbereichen**
Von Ulrich Hallwachs ISBN 3-540-55477-7.
1992, 186 Seiten mit 66 Abbildungen. 88,– DM

165 **Strömungstechnische Auslegung reinraumtauglicher Fertigungseinrichtungen**
Von Elmar Degenhart ISBN 3-540-55478-5.
1992, 137 Seiten mit 72 Abbildungen. 88,– DM

166 **Synthese und Simulation dreidimensionaler Hand-Arm-Bewegungen an manuellen Montagearbeitsplätzen**
Von Raimund Menges ISBN 3-540-55752-0.
1992, 215 Seiten mit 70 Abbildungen. 88,– DM

167 **Bewertung inhomogener fraktaler Strukturen und Skalenanalyse von Texturen**
Von Uwe Müssigmann ISBN 3-540-55796-2.
1992, 99 Seiten mit 43 Abbildungen. 88,– DM

168 **Ein Informationssystem für Instandhaltungsleitstellen**
Von Wilfried Sihn ISBN 3-540-55853-5.
1992, 167 Seiten mit 67 Abbildungen. 88,– DM

169 **Verfahren zum automatischen Palettieren von quaderförmigen Packstücken im beliebigen Sortenmix**
Von Walter Michael Strommer ISBN 3-540-55922-1.
1992, 105 Seiten mit 47 Abbildungen. 88,– DM

170 **Planung der Kinematik von Industrierobotersystemen zum Schutzgasschweißen im Schiffbau**
Von Wolfgang Utner ISBN 3-540-55923-X.
1992, 134 Seiten mit 31 Abbildungen und 3 Tabellen. 88,– DM

171 **Montage von Pressverbindungen mit Industrierobotern**
Von Günther Würtz ISBN 3-540-56300-8.
1992, 124 Seiten mit 55 Abbildungen. 88,– DM

172 **Rationalisierungspotential der montagegerechten Produktgestaltung bei der Montage mit Industrierobotern**
Von Thomas Schmaus ISBN 3-540-56400-4.
1992, 122 Seiten mit 55 Abbildungen. 88,– DM

173 **Erhöhung der Variantenflexibilität in Mehrmodell-Montagesystemen durch ein Verfahren zur Leistungsabstimmung**
Von Felix Fremerey ISBN 3-540-56549-3.
1993, 150 Seiten mit 38 Abbildungen und 6 Tabellen. 88,– DM

174 **Automatische Montage von O-Ringen**
Von Johannes F. Wößner ISBN 3-540-56657-0.
1993, 94 Seiten mit 43 Abbildungen. 88,– DM

175 **Systeme kombinierter multimodaler Mensch-Rechner-Interaktionen**
Von Karl-Heinz Hanne ISBN 3-540-56687-2.
1993, 131 Seiten mit 46 Abbildungen. 88,– DM

176 **Regelbasiertes Verfahren zur Montageablaufplanung in der Serienfertigung**
Von Klaus Thaler ISBN 3-540-56829-8.
1993, 132 Seiten mit 63 Abbildungen. 88,– DM

177 **Rechnergestütztes Bediensystem für einen Telemanipulator zur Sanierung von gemauerten Abwasserkanälen**
Von Kurt Alexander Schließmann ISBN 3-540-56875-1.
1993, 135 Seiten mit 57 Abbildungen und 7 Tabellen. 88,– DM

178 **Konturantastende und optoelektronische Koordinatenmeßgeräte für den industriellen Einsatz**
Von Wolfgang Rauh ISBN 3-540-56876-X.
1993, 124 Seiten mit 43 Abbildungen. 88,– DM

179 **Konzeption für ein Sensor- und Steuerungssystem zur automatischen Führung eines Walzenschrämladers entlang der Grenzlinie von Kohle und Nebengestein**
Von Stephan Matthias Forster ISBN 3-540-57159-0.
1993, 147 Seiten mit 63 Abbildungen. 88,– DM

180 **Ein dreidimensionales Bildverarbeitungssystem für die Automatisierung visueller Prüfvorgänge**
Von Jianzhong Lu ISBN 3-540-57160-4.
1993, 113 Seiten mit 45 Abbildungen und 2 Tabellen. 88,– DM

181 **Erschließung technischer und organisatorischer Potentiale durch die Komplettbearbeitung auf Drehmaschinen mit Hilfe der Teileanalyse**
Von Helmut Schaal ISBN 3-540-57212-0.
1993, 126 Seiten mit 42 Abbildungen und 2 Tabellen. 88,– DM

182 **Prüfverfahren zur Untersuchung der Partikelreinheit technischer Oberflächen**
Von Bernhard Klumpp ISBN 3-540-57302-X.
1993, 108 Seiten mit 50 Abbildungen. 88,– DM

183 **Automatisierung der Justage von Drehankerrelais**
Von G. Krüll ISBN 3-540-57303-8.
1993, 113 Seiten mit 59 Abbildungen. 88,– DM

184 **Prozeßstrukturen der chemischen Vernickelung**
Von Hans Gut ISBN 3-540-57304-6.
1993, 108 Seiten mit 37 Abbildungen und 5 Tabellen. 88,– DM

185 **Ein Verfahren zur Konstruktion anwendungoptimierter Ultraschallsensoren auf der Basis von Schallkanälen**
Von Achim Langen ISBN 3-540-57376-3.
1993, 140 Seiten mit 72 Abbildungen. 88,– DM

186 **Ein rechnerunterstütztes System für die technische Dokumentation und Übersetzung**
Von Renate Mayer ISBN 3-540-57409-3.
1993, 126 Seiten mit 59 Abbildungen. 88,– DM

187 **Theoretische und experimentelle Untersuchungen an dreidimensionalen Wirbelströmungen für industrielle Absauganlagen**
Von Wolf-Jürgen Denner ISBN 3-540-57410-7.
1993, 141 Seiten mit 78 Abbildungen und 10 Tabellen. 88,– DM

188 **Planungsmethodik für den Aufbau von Qualitätssicherungssystemen in kleinen und mittleren Produktionsunternehmen**
Von Rainer Hummel ISBN 3-540-57727-0.
1993, 221 Seiten mit 114 Abbildungen und 6 Tabellen. 88,– DM

189 **Plasmamodifikation von Kunststoffoberflächen zur Haftfestigkeitssteigerung von Metallschichten**
Von Dieter Andreas Mann ISBN 3-540-57745-9.
1994, 133 Seiten mit 83 Abbildungen und 6 Tabellen. 88,– DM

190 **Softwareentwicklung für speicherprogrammierbare Steuerungen im integrierten, rechnergestützten Konstruktionsprozeß**
Von Kornelius Hengel ISBN 3-540-57765-3.
1994, 133 Seiten mit 48 Abbildungen. 88,– DM

191 **Vorrichtungssysteme für die flexibel automatisierte Montage**
Von Armin Willy ISBN 3-540-57784-X.
1994, 121 Seiten mit 60 Abbildungen. 88,– DM

192 **Wissensbasiertes Selbstheilungs- und Diagnosesystem für CNC-Koordinatenmeßgeräte**
Von Wilhelm Steger ISBN 3-540-57829-3.
1994, 147 Seiten mit 79 Abbildungen. 88,– DM

193 **Modell für ein rechnerunterstütztes Qualitätssicherungssystem gemäß DIN ISO 9000 ff.**
Von Ulrich Lübbe ISBN 3-540-57831-5.
1994, 152 Seiten mit 59 Abbildungen. 88,– DM

194 **Vorgehenssystematik zum Prototyping graphisch-interaktiver Audio/Video-Schnittstellen**
Von Claus Görner ISBN 3-540-57886-2.
1994, 181 Seiten mit 66 Abbildungen. 88,– DM

195 **Bewertung von Rechnerinvestitionen durch den Vergleich von Wertschöpfungsketten**
Von Christian F. Mayer ISBN 3-540-57969-9.
1994, 144 Seiten mit 45 Abbildungen und 24 Tabellen. 88,– DM

196 **Ein Verfahren zur kostenorientierten Produktionsprogramm- und Kapazitätsplanung bei losweiser Montage**
Von J. Kurz ISBN 3-540-57971-0.
1994, 124 Seiten mit 26 Abbildungen und 3 Tabellen. 88,– DM

197 **Direktmontage von Leitungen mit Industrierobotern**
Von Stefan Koller ISBN 3-540-58224-X.
1994, 105 Seiten mit 52 Abbildungen. 88,– DM

198 **Eine objektorientierte Architektur für Leitstände zur Feinplanung**
Von Thomas Otterbein ISBN 3-540-58273-8.
1994, 183 Seiten mit 90 Abbildungen. 88,– DM

199 **Erhöhung der Fertigungssicherheit und -qualität beim Hochdruckwasserstrahlen durch den Einsatz von Sensoren**
Von Michael Knaupp ISBN 3-540-58440-4.
1994, 117 Seiten mit 101 Abbildungen. 88,– DM

200 **Verfahren zur Bewertung von Auftrags-Durchlaufzeiten in den indirekt-produktiven Bereichen von Maschinenbau-Unternehmen**
Von Robert Müller ISBN 3-540-58478-1.
1994, 152 Seiten mit 32 Abbildungen. 88,– DM

201 **Verfahrensprüfstand für das Bearbeiten mit Industrierobotern**
Von Peter Schlaich ISBN 3-540-58510-9.
1994, 114 Seiten mit 60 Abbildungen. 88,– DM

202 **Entwicklung und Optimierung von Prozeßkomponenten zur ionenunterstützten Abscheidung bei PVD-Verfahren**
Von Walter Olbrich ISBN 3-540-58511-7.
1994, 126 Seiten mit 62 Abbildungen und 7 Tabellen. 88,– DM

203 **Verfahren der Konturanalyse zur Automatisierung visueller Prüfvorgänge**
Von Knut Kille ISBN 3-540-58513-3.
1994, 105 Seiten mit 50 Abbildungen und 15 Tabellen. 88,– DM

204 **Verfahren zur Verbesserung der Ausfallsicherheit verteilter Informationssysteme**
Von Helmut Meitner ISBN 3-540-58623-7.
1995, 196 Seiten mit 54 Abbildungen und 13 Tabellen. 88,– DM

205 **Ein unscharfes Planungsverfahren zur mittelfristigen Personalkapazitätsanpassung für die bedarfsorientierte Serienproduktion**
Von Hans-Jürgen Braun ISBN 3-540-58819-1.
1995, 164 Seiten mit 40 Abbildungen und 10 Tabellen. 88,– DM

206 **Rechnergestützte Auslegungsverfahren für Großmanipulatoren mit Gelenkarmkinematik**
Von Werner Engeln ISBN 3-540-58871-X.
1995, 135 Seiten mit 52 Abbildungen und 18 Tabellen. 88,– DM

207 **Montagestrukturplanung für variantenreiche Serienprodukte**
Von Ulrich Zeile ISBN 3-540-58937-6.
1995, 122 Seiten mit 65 Abbildungen. 88,– DM

208 **Entwicklung eines objektorientierten Informationssystems zur optimierten Werkstoffauswahl**
Von Dietmar R. Fischer ISBN 3-540-58938-4.
1995, 193 Seiten mit 37 Abbildungen und 14 Tabellen. 88,– DM

209 **Entwicklung einer flexibel automatisierten Nähanlage**
Von Oliver Krockenberger ISBN 3-540-58939-2.
1995, 122 Seiten mit 75 Abbildungen. 88,– DM

210 **Ultraschallbahnschweißen von Kunststoffteilen mit Industrierobotern**
Von Thomas Wagner ISBN 3-540-58940-6.
1995, 93 Seiten mit 37 Abbildungen. 88,– DM

211 **Flexibel automatisierte Montage hochpoliger Rundkabel**
Von Ralf Cramer ISBN 3-540-58979-1.
1995, 116 Seiten mit 59 Abbildungen. 88,– DM

212 **Automatische Reparatur elektronischer Baugruppen**
Von Thomas Leicht ISBN 3-540-59015-3.
1995, 99 Seiten mit 46 Abbildungen. 88,– DM

213 **Montage von Schlauchschellen mit Industrierobotern**
Von Herbert Dreher ISBN 3-540-59035-8.
1995, 103 Seiten mit 63 Abbildungen. 88,– DM

214 **Arbeitsprogrammgenerierung zum Schutzgasschweißen mit Industrierobotersystemen im Schiffbau**
Von Peter Schmid ISBN 3-540-59058-7.
1995, 131 Seiten mit 42 Abbildungen. 88,– DM

215 **Flexible Demontage mit dem Industrieroboter am Beispiel von Fernsprech-Endgeräten**
Von Martin Kahmeyer ISBN 3-540-59390-X.
1995, 99 Seiten mit 52 Abbildungen. 88,– DM

216 **Der logisch-pragmatische Gebrauch von Konditionalsätzen. Eine dialog-logische Analyse**
Von Antonius Jacobus Maria van Hoof ISBN 3-540-59463-9.
1995, 146 Seiten mit 65 Abbildungen. 88,– DM

217 **Arbeits- und organisationspsychologische Interventionen bei der Einführung von Gruppenarbeit in dezentral ausgerichteten Fertigungsinseln**
Von Manfred Schlund ISBN 3-540-60012-4.
1995, 426 Seiten mit 24 Abbildungen und 29 Tabellen. 88,– DM

218 **Herstellung geformter Schläuche mit Formdornen aus Formgedächtnislegierung**
Von Thomas Weisener ISBN 3-540-60019-1.
1995, 88 Seiten mit 48 Abbildungen. 88,– DM

219 **Benutzerwerkzeuge an Fertigungssteuerungs-Leitständen**
Von Manfred Kroneberg ISBN 3-540-60096-5.
1995, 154 Seiten mit 84 Abbildungen. 88,– DM

220 **Werkstattsteuerung mit genetischen Algorithmen und simulativer Bewertung**
Von Jörg Schulte ISBN 3-540-60281-X.
1995, 163 Seiten mit 55 Abbildungen und 7 Tabellen. 88,– DM

221 **Ein Verfahren zur automatischen Generierung von softwareergonomisch gestalteten Benutzungsoberflächen**
Von Anette Weisbecker ISBN 3-540-60242-9.
1995, 140 Seiten mit 38 Abbildungen und 48 Tabellen. 88,– DM

222 **Verfahren zur Reduzierung der Hand-Arm-Schwingungsbelastung an Trennschleifern**
Von Rainer Eckert ISBN 3-540-60282-8.
1995, 187 Seiten mit 80 Abbildungen und 23 Tabellen. 88,– DM

223 **Individualisierbare heuristische Einplanung für rechnerbasierte Leitstände**
Von Andreas Huthmann ISBN 3-540-60424-3.
1995, 137 Seiten mit 74 Abbildungen. 88,– DM

224 **Recycling von Wasserlackoverspray durch Elektrophorese**
Von Klaus Berewinkel ISBN 3-540-60519-3.
1996, 177 Seiten mit 75 Abbildungen. 88,– DM

225 **Wissensbasierte Programmierung von Industrierobotern zum Schutzgasschweißen im Stahlhochbau**
Von Christoph Hartfuss ISBN 3-540-60661-0.
1996, 123 Seiten mit 48 Abbildungen. 88,– DM

226 **Verfahren zur Gestaltung rechnergestützter Büroprozesse**
Von Michael Rathgeb ISBN 3-540-60660-2.
1996, 278 Seiten mit 69 Abbildungen. 88,– DM

227 **Dialogentwicklung für objektorientierte, graphische Benutzungsschnittstellen**
Von Christian Janssen ISBN 3-540-60719-6.
1996, 154 Seiten mit 70 Abbildungen und 4 Tabellen. 88,– DM

228 **Bewertung und Verbesserung der fertigungsgerechten Gestaltung von Blechwerkstücken**
Von Ulrich Abele ISBN 3-540-61019-7.
1996, 184 Seiten mit 72 Abbildungen. 88,– DM

229 **Merkmalsbasierte Definition von Freiformgeometrien auf der Basis räumlicher Punktwolken**
Von Sabine Roth-Koch ISBN 3-540-61020-0.
1996, 145 Seiten mit 68 Abbildungen. 88,– DM

230 **Fokussierung im Dialog: Aspekte der Fokusintonation im Deutschen**
Von Joachim Machate ISBN 3-540-61165-7.
1996, 155 Seiten mit 22 Abbildungen und 22 Tabellen. 88,– DM

231 **Qualitätsgerechte Auslegung flexibler Produktionssysteme mit Hilfe von Simulation**
Von Egbert Englert ISBN 3-540-61277-7.
1996, 126 Seiten mit 60 Abbildungen. 88,– DM

232 **Projektierungsverfahren für technische Software dargestellt an wissensbasierten Systemen**
Von Eberhard Kurz ISBN 3-540-61426-5.
1996, 129 Seiten mit 57 Abbildungen. 88,– DM

233 **Typologie zur systematischen Gestaltung der Arbeitsorganisation für Flexible Fertigungssysteme**
Von Sabine Stephan ISBN 3-540-61465-6.
1996, 186 Seiten mit 39 Abbildungen und 63 Tabellen. 88,– DM

234 **Entwicklung eines Werkzeuges zum Störungsmanagement in der Produktionsregelung**
Von Rainer Bamberger ISBN 3-540-61515-6.
1996, 157 Seiten mit 92 Abbildungen. 88,– DM

235 **Ein Verfahren zur automatischen Generierung von Steuerprogrammen für Roboterfahrzeuge**
Von Joachim Müllerschön ISBN 3-540-61514-8.
1996, 140 Seiten mit 79 Abbildungen. 88,– DM

236 **Automatische Kalibrierung der koppelnden Ortung mobiler Plattformen**
Von Achim Merklinger ISBN 3-540-61632-2.
1996, 106 Seiten mit 36 Abbildungen und 25 Tabellen. 88,– DM

237 **Händigkeitsgerechte Gestaltung der Mensch-Maschine-Schnittstelle**
Von Martin Schmauder ISBN 3-540-61657-8.
1996, 141 Seiten mit 44 Abbildungen und 9 Tabellen. 88,– DM